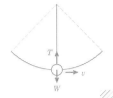
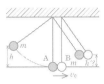

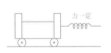

# なぜ力学を学ぶのか

## 常識的自然観をくつがえす教え方

飯田洋治［著］

日本評論社

# まえがき

　力学において，「教えるに値し，学ぶに値すること」とは何なのか，この問に答えようとしたのが本書である。

　物理は「面白くない，わからない，くだらない」という多くの高校生の声に直面し，この声にどう答えたらよいのか，1960年代半ばからサークル活動を始め，仲間と共に長年にわたってこの問題に取り組んできた。生徒の興味と関心，学ぶ意欲を呼びさますものなら何でもいい，それらを寄せ集め，開発し，蓄積しよう。そしてその素材をさまざまな視点から検討し，本当に「教えるに値し，学ぶに値するもの」をつくりだしていこうと，私たちは主張してきた。これは投げ込み教材運動となり，『いきいき物理わくわく実験1』，『同2』，『同3』*) となった。こうした運動の中から力学内容の分析を通して本書は出来上がった。

　『学ぶ側からみた力学の再構成』（川勝博・三井伸雄・飯田洋治共著，新生出版，絶版）の共同執筆者川勝・三井さんはすでに他界され，今回，この中の飯田執筆分を全面的に見直し，新たに『なぜ力学を学ぶのか』として出版することとなった。旧著の基本は継承しつつ，新しい資料をもとに大幅に改定し，新しい項目を追加した。

　高校生・大学生にまとまった力学的自然観の調査を行ったのは1983年。あれからほぼ40年，学ぶ側や教える側の人々も大きく変わった。にもかかわらず，最新の調査によれば，高校生の経験的自然観はいっこうに変っていない。大学生も同様である。この十数年，大学生には入門物理やリメディアル物理などで，数学を含む本書のカギとなる問題や実験を多数活用し，たびたび「これまで自分はどう考えていたか，何がわかったか」という論文作成を彼らに求めてきた。経験的自然観の問題は過ぎ去った過去の話ではない。まさに中学生から高校生，大学生，一般の人々にもかかわる古くて新しい問題である。

　物理の基本的概念・法則とその有効性を，学ぶ側から分析し直し，科学的認識の発展の法則に沿って再構成することは，これまであまり試みられてこなかっ

た。こうした概念形成の課題は決して一朝一夕に出来上がるほど生やさしくはないが，本書ではこの問題に取り組もうとした。

　力学は小学校から大学までの重要な学習分野である。単なる教科書通りの扱いとは異なり，本書のような見方・考え方をさまざまな方面の人々に検討していただき，すべての人々のための物理教育が発展することを心から願っている。

　　2022年4月

飯田　洋治

＊）『いきいき物理わくわく実験1（改訂版）』は愛知・岐阜物理サークル編著, 2002,『いきいき物理わくわく実験2（改訂版）』は愛知・岐阜・三重物理サークル編著, 2002,『いきいき物理わくわく実験3』は愛知・三重物理サークル編著, 2011, ともに日本評論社刊

# 》》》》》 目次 》》》》》

# 3章　慣性の法則・相対性原理　放物運動

# 4章　地動説

# 力学を学ぶ意味

## 新たな自然観を

---

## 1 常識的自然観をゆさぶる[1]

### 1 40年前から少しも変わらない経験的自然観

力学を習う前の高校生は根強い経験的自然観を持っている。現在（2022年から）40年ほど前と比べてもこの自然観は少しも変わっていない。かつてアリストテレスが持っていたのと同じような自然観である。力学を習ったあとの大学生でも同じような傾向を示す。

1980年代から現在まで、高校生・大学生に対してたびたび力学的自然観アンケート[2]を行ってきた。次の各問の調査結果は、最近の高校生（2021）、十数年前の大学生（2008）、40年ほど前の高校生と大学生（1983）に対して、力と運動の関係を調査したものである。（詳細は巻末の付録を参照）

〔問1〕では一定の力で台車を引くと、どのような運動をするかを尋ねた。

---

〔問1〕 まさつが大変小さい台車を、同じ大きさの力で引き続けたら、その間、車は

（ア）ずっと一定の速さで動く。

（イ）はじめのうち速くなり、すぐ一定の速さになる。

（ウ）どんどん速くなる。

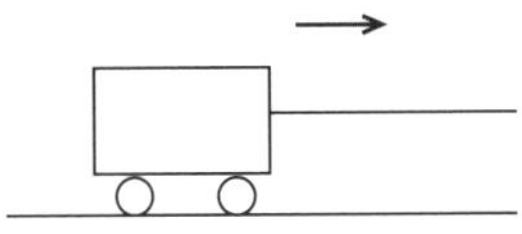

図1

　調査結果は，図2のとおりである。力学を学
ぶ前の最近の高校生は8割近くが「(ア) 一定
の速さ」と答えた。40年ほど前の高校生の半数
は「(イ) はじめのうち速くなり，すぐ一定の
速さになる」と答えた。正解の「(ウ) どんど
ん速くなる」と答えた高校生は1割〜2割5分
程度にすぎなかった。結果は，今も昔も，高校
生の経験と常識をみごとに裏切る。

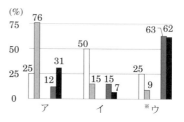

図2　問1の結果（*印は正解）

　やはり，いくらペダルを踏んでもすぐ一定の
速さになってしまうという経験をもとにすれ
ば，一定の力には一定の速度が対応するのであ
って，一定の力には速度の変化（加速度）が対応するという考えはまったく非常
識な考えに思えてしまうのである。

　それではすでに高校で力学を習ったはずの大学生はどうであろうか。かなり優
秀だといわれる国立大学理系学部，国立工業大学の学生（'83），理工系大学新入
生（'08）の正答率は約6割だった（図2）。

　〔問2〕は，自動車が等速度運動をしているとき，前向きと後向きとではどち
らの力が大きいかという問である。

---

**〔問2〕**　自動車が等速でまっすぐ走っているとき，次の力はどちらが大きい
か。
A　車の前向きにかかる力
B　車の後向きにかかる力（空気抵抗やまさつ力など）
（ア） A＜B　　　（イ） A＝B　　　（ウ）　A＞B

---

　高校生の大多数は，「つりあっていたら動けない」，「動いている以上前向きの
力の方が大きいはずだ」と主張する。日常経験によれば，自転車をこぐことを止
めればすぐ止まってしまうし，一定の速さで走ろうとすればたえず力を加え続け
なければならない。だから，どうしても前向きの力が大きいと思ってしまう。調
査結果によると，「(ウ) 前向きの力の方が大きい」と答えた高校生は実に5〜7

割にのぼる（図3）。正解は，（イ）A＝Bである。「つりあっていれば等速直線運動をする」というのが慣性の法則である。見方を変えれば「等速度と静止は力学的にまったく同等だ」（ガリレオの相対性原理）ということもできる。この原理は高校生の日常経験をみごとに裏切る。だから力がつりあっているといわれても，なかなかそうは思えないし，力学を習ったことがなければ間違えるのが当り前である。それでは，すでに高校で力学を習ったはずの大学生はどうであろうか。こちらの正答率は7割程度でかなり良い。

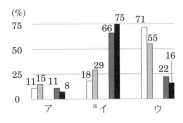

図3　問2の結果

□ 1983工業高校（力学未習）171名
▨ 2021総合高校（力学未習）117名
▦ 1983理系大学生114名
■ 2008理系新入生97名

〔問3〕は，私の力学の授業がある程度進んだところで，力学の理解度をチェックするためにいつも出している問題である。

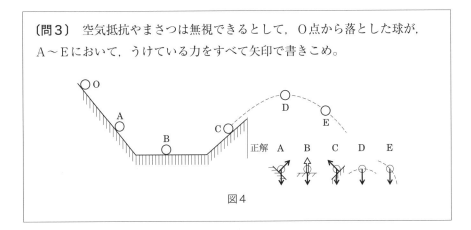

〔問3〕　空気抵抗やまさつは無視できるとして，O点から落とした球が，A〜Eにおいて，うけている力をすべて矢印で書きこめ。

正解　A　B　C　D　E

図4

調査結果を図5に示した。高校生のA〜Eの全正解者は，今も昔もゼロ。彼らの圧倒的多数は，進行方向への力を書いてしまい，そのために間違えてしまった。大学生でも2割近くが進行方向への力を書いているし，A, B, Cそれぞれの正解は約6割にとどまっている。

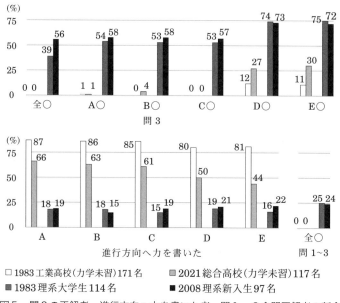

図5　問3の正解者，進行方向へ力を書いた者，問1～3全問正解者の割合

　以上の〔問1〕～〔問3〕の3つの問だけで，力学を習っていない高校生はほ
ぼ「運動＝力あり，静止＝力なし」，というアリストテレス的常識的考えに陥っ
てしまっている。
　大学生はどうか。各問の出来具合は高校生に比べてかなり良い。しかし，3問
とも正解であった大学生は国立大学理系学部，国立工業大学，理工系大学の学生
ともに2割5分程度であり，さらに同じ内容を，形を変えて聞いた7問中の全問
正解者は1割程度という結果にすぎなかった。（詳細は巻末付録の問1～問7参
照）
　次の〔問4〕になると，結果はかなり深刻である。
　振れている振り子の最下点では，「（イ）糸の張力 $T$ と重力 $W$ がつりあってい
る」と答えた大学生は実に8割を超える。正解は $T > W$ である。正解だった
大学生や高校生は，わずか1割5分程度にすぎなかった（図7）。

〔**問4**〕　図6のように，振り子が振れていると
き，最下点では糸の張力 $T$ と重力 $W$ はどちらが
大きいか。
予想
（ア）　$T > W$
（イ）　$T = W$
（ウ）　$T < W$

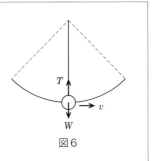

図6

等速のみならず，まっすぐ進むというのが慣
性の法則である。だから，外から力を加えなけ
れば曲がれない。中には遠心力でつりあったま
ま曲がるという意見も出てくるが，遠心力を考
慮する非慣性系から見た場合でも
$T =$ 遠心力 $+ W$ となり，$T$ の方が $W$ より大
きいのである。
〔問5〕では「等速円運動している物体に働
く力」を尋ねた。

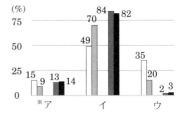

□ 1983工業高校（力学未習）171名
▨ 2021総合高校（力学未習）117名
▩ 1983理系大学生114名
■ 2008理系新入生97名

図7　問4の結果

〔**問5**〕　地球のまわりを人工衛星が等速で円
運動をしている。
　地上からみて，人工衛星に働く力は次の
（ア）〜（ク）のうちどれが正しいと思うか。

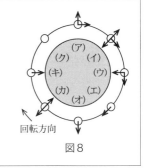

図8

正解は（キ）である。やはり正答率は大学生でも3〜4割程度，高校生にいた
っては，現在も過去にも正解者は1人もいなかった（図9）。高校生の間違いの
圧倒的多数は8割以上が進行方向へ力があると考えており，さらに8割ほどが中

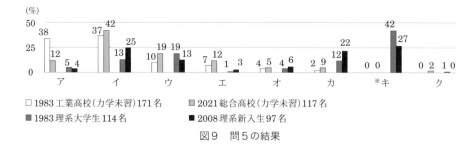

図9　問5の結果

心から外向きの力があると答えている。

　40年前からこの傾向はほとんど変わっていない。

　すでに高校で力学を学んだ理系の大学生でもどうしてこんなに出来が悪いのだろうか。大学生がこれほど間違えるのだから，中学・高校で受けた力学教育にどこか根本的な見落としがあったとしか考えようがない。大学生のこれらの解答結果は高校生の中でも優秀な生徒になされた高校教育の成果だということができる。

　図10に，1983年から2021年までに私が実施した授業や調査で，〔問1〕から〔問5〕までの正答率をグラフに表した。確かに，優秀な大学生は正答率は高い。しかし〔問1〕から〔問5〕全体を見ると，そうとも言えないことがわかる。

　この結果から，彼らの経験的概念には明確な誤りの法則性が存在するといってもよいだろう。これまで力学の理解が大変困難であると思われてきたのはこうした経験的概念を放置したまま，正しい結論だけを無理やり教え込もうとしてきたためではないか。

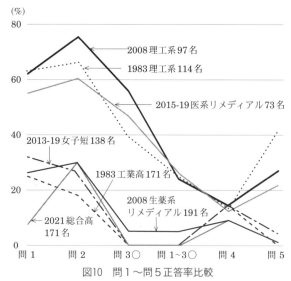

図10　問1〜問5正答率比較

## 2 経験的自然観をくつがえす

　このような根強い経験的自然観をくつがえし，新たな力学的自然観を獲得するにはどのようにすればよいか。これこそが，この本の主題である。

　キーポイントとなる典型例をいくつか示そう。調査に使った〔問1〕〔問2〕のような問題を直接授業で行うのである。すると経験的概念と科学的概念との対立点が明確なだけに，どちらの問題もまず間違いなく議論がおきる。ここでとことん議論を深める。意見が対立して討論が白熱したあとの実験は感動的になる。

　〔問1〕の実験では，力が一定になるようにして台車を引っぱるだけである。〔問2〕の実験では，台車の後に砂袋をつけてほぼ等速で動かし，台車の前後のばねののびの大きさを比べるだけで，簡単に決着がつく。

　こうして，「一定の力が働くと速くなるしかない」，「等速度のとき力はつりあっている。これが慣性の法則だ」という認識ができてくると，"動く力"の考えは大きく揺らいでくる。

　「運動＝力あり，静止＝力なし」と見る見方ではなく，

　「合力≠0なら，速度変化あり」：力の原理（7章p.143, p.152参照）

　「合力＝0なら，速度変化なし」：慣性の法則・相対性原理（3章p.67参照）

と見ることが重要であることがわかってくる。

　ここで初めて，原理をもとに力を定義する。「"動く力"というようなものはなく，運動物体が持つものは，後で学ぶ運動量とか運動エネルギーと呼ぶもので，これは力とはいわない。力は物体がもつ量ではない」。だからこれからは，「物体を変形させるとか，速度の変化を生じさせるものだけを力と呼ぶ」ことにしようと力を定義する。

　このように《力の原理》と《相対性原理》を，確かに成り立つ根本原理として導入し，彼らがもっている未分化の力の概念を分化させていく。そのためには一連の問題の積み重ねが必要なことはいうまでもない。生徒の認識は，議論を通して，試行錯誤を繰り返しながら，次第に深まっていく。こうした過程を経て，やっと，「《力の原理》を満たさない"力"は力ではない。"動く力"は力とはまったく別ものであり，力なしに動くというのが《慣性の法則》なのだ」ということを確信するようになる。

## 3 ｜ 科学の論理に対する信頼感の確立

　アリストテレスを学んだわけでもないのに，高校生はどうしても"動く力"が必要と考えてしまう。よほど意識して科学の見方を身につけない限り，いやおうなく経験的・常識的自然観に落ち込んでしまう。経験的自然観はそれほど根強いものなのである。私が行う力学入門の授業がある程度進んだ後（'83.12），生徒たちが「どうしてアリストテレス的自然観に陥ってしまうのか」を自己分析したものがある。そこには経験という根拠があることがわかった。

● 地上から見ると，星や月や太陽は動いているように見えるし自分が動いているとはまったく感じない。だから今，我々がアリストテレスのような考えを持っても少しもおかしくないのではないか。実際自分の感覚をもとにすると，地球が回っているなんてことは決して思いあたらないだろう。理性と感覚は異なる。地球が回っているということは理性によってはじめて思いあたることではないか。

● 静止はまったく動かないことだし，等速度は動いていることなんだし，静止していることと，動いていることの間には大きな違いがある。にもかかわらず，力の矢印が同じになるなんて，ほんとに不思議で面白い。

● アリストテレス的になってしまうことは，人間が自分中心に考えてしまうからではないかと思う。人間が歩くにしろ走るにしろ運動するということは，"さあ動くんだ"という意志のもとに足なり手なりを動かすわけだから，等速度と静止が同じだといわれても，自分が動く場合を考えると信じられないのだろう。

● 私も，はじめはいくらガリレオの説をいわれても，そうなんだとは思っても，感覚のずっと奥では信じられなかった。だからいろいろな問題をやってもすぐまちがえたし実験で実際確かめてもなにか不安で変な気分がした。だけど台車をひっぱる実験で同じ力を加えつづけると加速するっていうのをやったとき，自分でも腹の底からわかったような感じで，「等速度と静止とが同じ」というのは自分で理解できたように感じた。そう感じたとき，"ああ，きっとガリレオも発見したとき，こんな気持だったのかなあ"と思った。でも，あのわかったときの気持は，すごくよかったし，『真理をつか

んだ』という気持がした。物理の面白いところは，このように自分でわかって発見できるような気持になれることだと思う。うーん，でもあの気持は忘れられない。やみつきになりそうだな。

　生徒たちのいうとおり，近代科学——力学——は感覚と経験を積み重ねるだけでは決してつくられないものである。そして，自分の中にある根強い経験的自然観が自分で打ち破れるようになったとき，まさに真理をつかんだという深い感動を呼び起こす。アリストテレス的になってしまう現象として大部分の生徒は次のような例をあげている。

- 地球が動いているとは決して感じない。動いてみえるのは太陽や月や星である。
- 動いていることと，静止していることは，見ただけで違う。
- 物が動くのに，力を加えなければ動かないので，はじめから動いていることがあるとは思えない。特に人間が動くには意志が必要である。
- 力を加えると動くが，力を取り去れば止まる。これが，我々が日常経験する世界だ。
- 車の定速運転のときも，ガソリンを使う。アクセルを踏むのをやめればすぐ止まる。
- 星は星，地球は地球で，星と地球が同じものとは思えない。

　生徒のあげるこれらの事例は，我々が通常感じ経験することに少しも矛盾しない。だから，感覚と経験をたよりにすれば，アリストテレス的になって当り前，むしろそうならないほうがおかしい。そこで感覚と経験に矛盾する問題に出会うと，彼らの感覚自体が許さない。たとえ理屈では認めても不思議で仕方がない。自分の感覚と経験を敢えて否定して，理性の方を採用しなければならない羽目に陥るから“不思議”という声になる。

- 私自身どうしてアリストテレス的になってしまうのか，それは感覚が許さないということもある。ものの本性は運動にある。そのとおり，地球も動いている。なのに私たちはそれを感じとれない。でも，静止も等速度に含まれるのだから不思議。
- 自分は動いていると感じない。なのに動いているとしたら，不思議なのも当り前。

● どうしても，今までの常識を捨て去ることができない。実にもっともらしい，そう思い込ませる考えがつきまとう。ガリレオを学んだ今でも，授業を離れるとふとアリストテレス的考えに戻っている。それほど常識は強く頭の中に残っている。今だから理解できても，アリトテレスやガリレオの時代だったら絶対理解できなかっただろう。

● 常識に染められて十数年，これほどまでに根づいている体験のアリストテレスを捨てるにはかなりの努力がいる。今までの考えを捨てないかぎり『理性のガリレオ』は心から納得できないであろう。

　私は，生徒たちのこの "感覚が許さない" という気持，"不思議でしかたがない" という気持を大切にしたい。なぜなら自分の持つ経験的自然観がいかに根深く克服しがたいものかを自分でしっかり認識すること，これはとりもなおさず，理性的に考えることがいかに価値のあることかを認識できる絶好の機会でもあるからである。静止と等速の力学的同等性──相対性原理──の承認，これは，感覚と経験だけには頼れないということを示す，まさにその典型である。相対性原理は大地が動いていると感じないから不思議だともとれるが，もっと積極的に動いていると感じたらおかしいし，感じないという法則なんだという認識にまで高める必要がある。まさに感覚とか経験だけでは得られないところのもの，これこそが近代科学──力学（力学的自然観）──形成の出発点であり，人間の理性は信頼するに値するという理性に対する信頼感の確立──科学の論理に対する信頼感の確立──これこそ私が力説したいことである。

注
1）飯田洋治「こうすればもっとわかる運動の法則」『パリティ』Vol.19, No.07, 丸善, 2004-7をもとに，新しいデータを加えて，大幅に加筆した。
2）この調査は，最初は1983年，力学を習っていない工業高校2年171名と，国立大学理系学部1年114名，国立工業大学1年106名を対象として行ったものである。2つの大学の間には結果に大きな差はなかった。さらに，2008.4（25年後），大学新入生，理工系97名，生命・薬学系リメディアル物理受講者191名（内，高校で物理履修者102名）に調査したが，理工系では1983年調査とほぼ同じような結果であり，生命・薬学系では比較的高校生に近い結果だった。同様な調査を大学生に2020年まで断続的に行ってきたが，医学系のリメディアル物理受講者は理工系と同じような傾向を示し，短大では高校生の1983年調査とそれほど大きな違いは生じていなかった。最近では，力学未習の総合高校2年117名（2021.4調査）を調査したが，1983年の調査と大きな違いは生じなかった。

## 2 面白くない・わからない・くだらない──この現実にどう答えるのか

　現在，物理は「面白くない」「わからない」「くだらない」と多くの高校生が思っている。これはなにも今に始まったことでなく，物理だけに限られた現象でもないが，最近では，授業がまともに成立しないとか，大学入試に縛られるなど，より深刻な状況が広がっている。1970年代からの愛知の理科教育運動の中で，私たちは[1)2)]，こういう生徒の声の中にこそ現在の教育の矛盾が反映されているとみてきた。そして，少なくとも，この多くの生徒の実態を無視し，避けて通るかぎり，根本的に科学教育を立てなおすことは不可能だろうと主張してきた。

　生徒が本当に「面白い」「わかる」「学ぶに値する」というときはどういうときか，そういう内容とは何なのか，それはどうしたら創り出せるのか。このことが，半世紀前からの私たちの一貫した実践的課題[1)2)]であった。この課題実現のための第一歩は，「投げ込み教材のどん欲な開発と蓄積」であった。投げ込み教材とは，自分の好きなように適宜授業の中に投げ込んで使う教材のことである。この誰でも行っている当たり前のことを私たちの教育運動の原点に据えようというわけである。これは，『いきいき物理わくわく実験1』，『同2』，『同3』[3)]の出版というかたちとして実現した。生徒の興味と関心，学ぶ意欲は，投げ込み教材の内容に直結している。生徒の知的好奇心を呼びさますものなら何でもよい，どこからでも，誰からでもちょっとした創意工夫を寄せ集め，開発し，蓄積しよう。そしてその中から，その教材が，「科学の基本法則にせまるものか」，「科学の個別法則にせまるものか」，「科学の社会的機能にせまるものか」，さらにそれらが全体として，「人間性の回復につながるものかどうか」の検討を加えることにより，「本当に教えるに値し，学ぶに値する教材」を創り出し，蓄積していこう。このように私たちは主張してきた。

　これに対して「面白ければそれでいいのか」「科学の系統性はいらないのか」という反論も寄せられた。私たちは，科学的認識の発展の論理とともに，自然の構造と法則性，科学の論理を大切にする。それを大切にするがゆえに，一つ一つの投げ込み教材に対する位置づけや視点を問い正すのである。

## 1　面白いということ

　「面白い」といっても，生徒は決して滑稽さを求めているのではない。丸尾寿郎氏によれば，面白いとか，楽しいとかいう言葉は『古語拾遺』の中の「天の岩戸」の物語にその源があるという[4]。

　　この時に当りて，上天初めて晴れて，衆 倶 に相見るに面皆明らかに白し，手を伸べて，歌ひ舞ひて相与に称ていわく，

　　　あはれ　あなおもしろ　あな　たのし　あな　さやけ　をな

と書かれており，「あわれ」には「天晴也」，「おもしろ」は，「衆の面の明らかに白き也」，「たのし」は，「手を伸べて舞ふ，今楽事を指してこれをタノシといふ，この意也」と注釈を加えているという。丸尾氏はこのことを次のようにのべている[4]。

　　「太陽神が岩戸に隠れたために，全世界が真っ暗闇になった。一切のものの形が見定められない闇です。こういう状態は実に恐ろしいし不安です。ところが，そこへ一条の光が射し込んでくると，もののかたちがほんのりと見えてくる。他人の顔も見えてくる。しだいに輪郭がはっきりし，目鼻立ちの特徴なども見定めがつくようになります。笑っているか，怒っているかもわかる。こうなると何も見えない状態での恐怖感や不安感はしだいに消えて，対象がはっきり認識できます。ああ，あそこにあの人がいる。おやこんなところにこの人がと大勢の人びとが見え，人と人との関係が見え，まず，ああよかったという安心感やよろこびの気持が生じてきます。

　　他人の顔がはっきりと見えるということは，単に容貌を外形的に認識するだけではありません。その表情からその人の気分や感情まで，時には目つきや顔色などから何を考えているかまで洞察することができます。そしてそれは同時に自分自身を知ることでもあります。このように外形だけでなく，その内面までも，そして，人と人との関係，「もの」と「もの」との関係，あるいは「人」と「もの」との関係まで見えてきて，「自分」とのかかわりもわかる。このように，いっさいをひっくるめて総体として認識できる状態を「おもしろし」と言っているのです。

　　英語でも，数学でも，自然科学でもその学問の本質というものが，勉強と

いう努力の結果，見えてくると，なぜそれを学ぶのかの意義がはっきりして
きます。……学問のおもしろさが自得できるのです。……「おもしろし」と
いう語は，いわば真理にふれる喜びともいえます。」

　私は，科学教育の中で「見えないものを見抜く力」の大切さを痛感している。
物理法則や概念は直接目で見ることはできない。力にしろ，質量にしろそうで
ある。地球が動いていると感じなくても，動いているといえるのはどうしてなの
か。直接見えなくても，感じなくても見抜ける，それこそ科学の論理のすばらし
さではないだろうか。この意味からも丸尾氏の書かれていることにはまったく同
感である。

　まさに，「面白い」という言葉は，真理に触れる喜びの表明であり，人間本来
の姿を取り戻すときに発する言葉ではなかろうか。面白さの追究──これは知的
好奇心といってもよい──は人間が根源的にもつものである。

## 2 わかるということ

　今まで何も見えなかった「こと」や「もの」が次々と見えてくる。そして，
「こと」や「もの」や「人」との関係までが見えてきて，そこに「自分」を位置
づけることができるとするなら，これほど「面白い」ことはないであろう。実は
こうした過程が「わかる」ということなのだと思う。

　ところが，これまで物理の中でも力学はわかりにくくつまらないものの代表と
されてきた。その最大の原因は，生徒の持つ経験的自然観におかまいなく，正し
い結論を無理やり押しつけ暗記させてきたことにあるのではないか。単位や大学
入試がこのことに拍車をかける。これでは“面白い”と感動する余裕はない。正
しさのみが押しつけられると何も言えなくなる。だから覚えるしかない。覚えな
いと落第が待っている。入試に落ちる。こうして生徒も教師も金縛りになり，窒
息寸前となっている。

　しかし，一見興味を失い，学ぶ意欲を失ったように見える生徒でも，本当はわ
かりたいのだし，そのきっかけを求めている。一つのことを学ぶにも表面的・断
片的事実だけでなく，一つ一つの概念の相互連関とその深い思想的位置づけまで
を求める。そして“ナルホド！”と納得できることを求めている。これこそ青年
期の特徴といってよい。しかし，大部分の高校生たちの期待はことごとく裏切ら

れ，押しつぶされてしまっているというのが，今の教育の現状ではなかろうか。それが「面白くない」「わからない」「くだらない」という声になっているのだと思う。

　確かに「わかる」にはさまざまなわかり方の段階がある。少なくとも生徒は自分との関わりがわかる段階までにはわかりたいのである。そのためには，思い切って正面から生徒の持つ経験的自然観に挑戦し新しい科学の世界へ扉を開くことこそ必要ではないか。こうして初めて力学は，表面的理解ではなく，腹のそこから"ナルホド"と納得できるようになる。

　わかるということがいかに面白く，うれしいことか，このことが人間の内面にくい込むほど感動は深くなるのである。

## 3 押しつけがもたらすもの

　経験的自然観を放置したまま，無理やりわからせようとする教育は重大な弊害をもたらしている。知ったり，学んだりする喜びと無関係であればあるほど

　　①「学ぶということは苦痛である」
　　②「学ぶということは打算の道具」
　　③「学ぶということは必要悪」
　　④「学ぶということは暗記すること」

など，入試のためとか，良い成績をとるために学ぶのであって，それらがなくなれば，学ぶ必要はないと思いこんでしまう。「学ぶということ」をこのようなものに思わせてしまうことほど悲しいことはない。

　自分の頭を使って筋道を立てて考えるということより，暗記しておいた方がよほど楽に見える。そして，科学の論理にたいする信頼感が失われ，生徒の学びに対する見方は大きく歪められてしまう。入試や良い成績などどうでもよいというのではない。入試や良い成績だけが自己目的になってしまうことこそ問題なのである。

## 4 科学的認識の成立と学ぶに値することを求めて

　経験的自然観は根強い。それだけに自然観は口でいうほど簡単には変わらない。私たちがこの壁につきあたっているとき，幸いにも仮説実験授業に出会うこ

とができた（1966）。

　小・中学校において，子どもたちが驚くべき喜びをもってこの授業を歓迎するという現実の重み[5]は，高校において，「面白くない」「わからない」「くだらない」という生徒に直面すればするほど私たちをひきつけずにはおかなかった。私たちは，これを単にまねるだけでなく，実際生徒が大歓迎しているという現実から出発し，歓迎される以上，そこには何らかの法則があるに違いない，その中で私たちのものにできることは何であるか，を検討してきた。

　科学的認識が成立するためには，少なくとも次のような過程が必要である。

## a. 争点の明確な問題提起と討論

　常識をとるのか，科学の論理をとるのか，争点の明確な問題提起が必要である。生徒一人一人に「自分はどっちをとるのか」，その判断をせまるのである。そのためには議論したくなるような問題，'要' となる問題設定が必要となる。この問題設定は大変難しい。仮説実験授業では，ふつう，問題−予想−討論−実験という形をとるが，要は争点が明確であること，生徒の考えの中に「矛盾」（知的葛藤）をひきおこし，「試行錯誤」ができるかどうかである。教師の役割は，生徒の「主体性」をひき出し，「学びあい」を組織する「仕掛人」に徹することである。

## b. 実験

　真理か否かの判断は実験によって決まる。自分の立てた予想があっているかどうかは，教師の権威によってではなく，実際の自然に問い正すことによって検証する。ガリレオにはじまる近代科学の実験の特徴は，立てた仮説が本当に正しいかどうかを問い正すものであった。望遠鏡による天体の諸発見も地動説が正しいか否かに答えるものであったし，落下法則の検証にしても，彼の仮説がyesかnoかを問い正すものであった。このような白黒判定のつく検証実験によってこそ，経験的自然観を打ち破ることができる。科学的認識の成立条件を与える実験とはこのような実験のことである。

　生徒に限らず誰でも，自分の立てた予想や仮説が本当にあっているかどうか，この実験で判定がつくとしたら，かたずをのんで実験の推移を見守る。予想に主

体性が入れば入るほど，つまり自分の思いが強いほど，ドキドキする気持は強くなる。こういう状態で実験をすると，予想があっていてもいなくても，まずまちがいなく歓声が上がる。「楽しい」とか「面白い」という声が出てくる秘密はここにあるだろう。

## c. 認識ののぼりおり[6]と問題群の積み重ね

科学の基本的概念は，ちょっと習っただけではなかなかわからない。「なんとなくそう思う」も「直観的予想」も立派な予想である。実際，私たち自身，未知の現象やわからないことに出合うと，この直観的予想を頻繁に使っているし，直観的予想を裏付けようとして，図を描いたり，「もしもこうなるなら，こうなるはずだ」などの常套手段をよく使う。生徒にとっては初めて出合う未知の出来事であり，私たちや科学者と同様"発見的思考"が保証されねばならない。もちろん筋を通した予想だけが許されるのではない。実験してみるまではわからないのだ。いくつかの問題の予想と討論で，さまざまな試行錯誤，「認識ののぼりおり」を繰り返す。そして，実験で確かめることを通して，はじめて経験的自然観を打ち破ることができる。このようにして常識による判断よりも，科学の論理にもとづく判断の方がはるかに有効であることを一歩一歩確実に体験していく。つまり，こういう科学的認識の発展過程をへて"見えないものが見えてくる"，"わかりはじめる"のである。

## d. 文章で表す自己分析

ある程度学んだあとで，「これまで自分はどう考えていたか，それがどのように変わり，何がわかったか」を，自分の言葉で文章にして自己分析する作業は，討論や実験をして終わりにするのではなく，学んだことを自らの血肉として定着するには重要な意味を持つ。それだけでなく，討論を通して一人一人の思考過程がどのように変わっていったかを知る上でも大切である。意外にこの点は見落とされやすい。

レポート，小論文・論文を求めるなど，状況によっていろいろな取り上げ方が考えられる。もちろんある特定の問題に対する文章コメントも含まれる。

## e. 科学の論理に対する信頼感の確立

　以上の過程を通して，生徒の中に何が形成されればよいのか。それは何をおいてもまず，科学の論理に対する信頼感の確立といえる。これこそ力学においてもっとも典型的に示すことができる。ところが，「論理」というと，大変嫌がる生徒も多い。その理由を聞いてみると，「自分の感覚や経験を無視して無理やり呑み込まされるもの」とか「ヘ理屈」「ごまかしの理屈」「現実離れした空理空論」というとらえ方が返ってくる。現在の教育は，論理というものを，こんなものと思わせてしまっているのではないか。科学の論理とは，人を押さえつけ無理やり呑み込ませるための道具ではない。感覚や経験を積み重ねるだけでは決して得られないものが科学の論理である。感覚と経験に縛られた自分の狭い殻を打ち破るような，そういう筋道，それが科学の論理で，ごまかしやデマを見破るスジなりミチなりというものが科学の論理である。法則なり原理にもとづいて考えていくと，今までわからなかったこと，知らなかったことが予見できるようになる。見えないものが見えるようになる，ウソか本当かを見破ることができるようになる，そういう筋道，それが科学の論理である。

　論理的思考力は，自然科学だけにとどまらず，もっと広い意味でどうしても培っておきたい力である。自らの豊かな成長，生きる力にストレートに結びつく，いわば人間にとってどうしても必要な力である。消費文化の餌食になり，自分自身を見失いかねない状況が蔓延する中でこそ，必要とされるものである。

　科学の論理がまがりなりにも使えるようになることは，同時に自分の持っていた常識的自然観が崩れていくことを意味する。つまり科学の論理に対する信頼感と常識的自然観の崩壊とは表裏一体の関係にある。このことは，科学を築いた人間のすばらしさとともに，変わることのできる自分のすばらしさに気づくことである。「まちがえることが恥でない，まちがえながらも自分が変わっていき，真理を見つけ出す」──そういう人間の認識能力のすばらしさに気づいていく過程でもある。これは，いわば科学観・自然観・人間観の変革の過程ともいえる。「学ぶに値する」ことは，こうした過程の中から明らかになってくる。

## f. 原子論的自然観

　原子論的自然観は，ものに対して直観的で鮮明なイメージが描け，科学の論理を立てるのに有効な手がかりとなる自然観である。科学の論理を見つけ，これが使えるようになるためには，原子論的自然観を常識的自然観と対比しつつ，早くから導入しておきたい。原子論的自然観は，近代科学——力学——との関連が深く，これについては次の第3節で紹介しよう。

注
1）飯田洋治「生徒の認識を変えない教育は教育の名に値しない」日教組第17次・日高教第14次教育研究全国集会レポート，1968.1.
　飯田洋治「多様化にどう対処するのか——仮説実験授業に学ぶこと」『理科教室』，国土社，1968.11月号
2）林熙崇・三井伸雄・飯田洋治「面白くない・わからない・くだらない，この現実にどう答えるか1」『理科教室』，新生出版，1974.8月号
　飯田洋治・川勝博・三井伸雄「投げ込み教材を武器に自主編成運動を！投げ込み教材を生かそう」『理科教室』，新生出版，1976.8月号
3）愛知・岐阜物理サークル『いきいき物理わくわく実験1（改訂版）』，日本評論社，2002
　愛知・岐阜・三重物理サークル『いきいき物理わくわく実験2（改訂版）』，日本評論社，2002
　愛知・三重物理サークル『いきいき物理わくわく実験3』日本評論社，2011
4）丸尾寿郎他『高校生の基礎学習』新日本出版，1977, pp.3-7
5）後藤安広（淑徳中学）さんの仮説実験授業の実践（1966）での生徒の感想文
　「この授業は人類が終わるまで，いや人間が授業をする間は続けてほしい。戦争が起ころうと，先生が死のうと誰かについでいってほしい」。
　これほどまでにいわせる授業とは！それに引き換え自分の授業はどうなのかと深く考えさせられた。
6）庄司和晃「科学的思考の三段階連関理論」『科学的思考とは何か』明治図書，1977, pp.52-60〈板倉聖宣と共に初期の仮説実験授業の開発者の一人〉
　予想には「なんとなく」「多分」など当てずっぽ的要素も含まれる。理屈が立たなくてもこの予想を大切にする。これが直観的，感性的認識の第一段階。第二段階は「たとえば，こういうことではないか」「もしもこうならこうなるはずだ」「仮にこうだとすれば，こうなるはずだ」など，イメージや直接経験，図示，例示など感性的論理，特殊的判断を使って本質に迫ろうとする段階，第三段階は原理的思考の段階。「この法則によればこうならないとおかしい」「こうなるに違いない」など，理論的，一般的な原理原則によって予想する段階。論理的，抽象的推論。これまでは，第三段階のみが認められ，他の予想は抹殺される傾向が強かった。第三段階だけが許されるのではなく，どちらが正しいかは実験してみるまではわからない。討論ではさまざまな段階の予想が錯綜し，のぼったり，おりたり自由自在に考えることが保証される。

# 3　原子論的自然観と力学

　「力学と原子論とは一体どういうつながりがあるのか?」「原子論的自然観は力学教育にとってそんなに大切なものか?」などという質問をよく耳にする。ここでは少々堅苦しくなるが原子論と力学との深いかかわりを明らかにしたい。なぜなら，近代科学の立場から，原子論的自然観の持つ意味を明らかにすることは力学教育に重要な意味をもつと思うからである。

## 1　信頼できない抗力の実在性

〔問6〕は「本が机から受ける抗力」の実在性を尋ねた問題である。

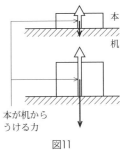

> **〔問6〕**　机の上に本をおくと，力のつりあいによれば，同じ机の上でも，軽い本と重い本とで「本が机から受ける力」は違うはず。本当にそういう力はあるといってよいだろうか。
> 　「本が机から受ける力」というのは
> （ア）つりあいを説明するための手段としての力である。
> （イ）本当に大きくなったり小さくなったりする力である。

図11

本が机からうける力

　調査によれば，驚くなかれ「机から受ける力が本当に大きくなったり小さくなったりする」と答えた大学生は3割しかいなかった。(図12)。学んだにもかかわらず出来が悪いのは，一体どこに問題があるのだろうか。「机のように一見なんの変化もおきていないように見えるものでも，その分子や原子の目に見えないつくりを頭のなかに思いおこして，それが一種のばねとして働いている」こと，つまり図13のようなイメージが描けるようだったら，この問題はずいぶんやさしい問題であったろう[1]。ところが，これまでの力学教育では，そのほとんどが次の

ような「はず論」だけですまされてきた。

　「重力が２倍となれば，そのとき本が机から受ける力（抗力）も２倍になるはずである。そうでないと，本は動きだすことになって，力のつりあいに反する」

　この「はず論」をいくら強調しても，「確かに理屈ではそうだ。ところが，重力とつりあうために，抗力の大きさが本当に自由自在に変わるなんて，信じられない」と生徒はいうだろう。「こうなるはず」ということと，「本当にそうなっている」ということのあいだには格段の飛躍がある。現在の力学教育のほとんどは「こうなるはず」を「こうである」にすりかえ，強引に覚え込ませているのではないか。このすりかえにうまく対応し，なんとか問題が解けるようになるのは優等生である。しかし彼らは抗力の実在性を信用できない。だから，つじつま合わせの力学になっ

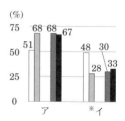

図12　問６の結果

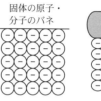

目に見えないほど，ほんの少しちぢむ。ちぢみ方は物体の重さにほぼ比例する。

図13

ても仕方がない。ところが，こういう飛躍した論理についていけない生徒たちはその「はず論」を信用できないばかりか，論理そのものを「へ理屈」として拒否するようになる。たとえば「本が机の上にのっているだけで，何も理屈なんていらないではないか」と。

　確かに力学では，論理を単純・厳密にするために，「質点」や「剛体」の力学に限定することが多い。しかし，質量だけあって，大きさのない質点や，力によって内部変形をしない剛体などという物は実際どこにも存在していない。これらの概念は物体の回転や内部変形を理論の対象から外したいとき，初めて必要となる概念である。

　初歩の段階に，やたら質点や剛体を強調しすぎて，かえって豊かな物のイメージをこわしてしまうようなことをしてはいないだろうか。論理の厳密さを強調するあまり，論理不信に陥れることではなく，論理的思考に対して信頼感を回復することこそが必要ではないか。そのためには，物に対する鮮明なイメージが描け

3. 原子論的自然観と力学 ｜ 2. 古代ギリシャの原子論²⁾　21

ることが大切である。原子論的イメージは，直観的であっても，これを頼りにすればかえって科学の論理を大変組み立てやすくする。

## 2　古代ギリシャの原子論[2)]

　原子論というと，ドルトン以後の原子論とか，ボルツマン，ペランにいたる原子論のことだと思われるかもしれない。しかしここで言おうとするのは力学が生まれるずっと以前のレウキッポス，デモクリトスにはじまる古代ギリシャの素朴な原子論，それをバックにして力学を考えていこうというのである。古代原子論者たちの自然観は，現代の自然観にきわめて近い，実にすばらしいものをもっている。エピクロス，ルクレチウスの本をよんでみると，2千年以上も前によくこんなことがいえたものだと感心する。ところがこれまで，これが物理教育の中に明確に位置づけられることはほとんどなかった。おそらく「これは哲学・思想であって，科学ではない」として葬り去られてきたためであろう。しかし，彼らの主張を見直すと，そこには素朴ではあるが，彼らなりの経験事実に基づいた実に合理的な哲学・思想であることに気づく。

　古代原子論的自然観はこれなしには力学が生まれなかったといえるほど，近代科学——力学——の形成に必要不可欠なものであった。古代原子論の中には近代科学の「原型」となるものがすでに備わっていたのである。

### ・変化するものの中の不変性の追究

　どうして彼らは目に見えない原子などという物の存在を考えたのだろう。それは「人間は人間から生まれるのであって，決して木や石から生まれない」というあたり前の経験事実を承認すること，そこに原子論が生まれる秘密があった。人間からいつも人間が生まれるのは，人間の「もと」があるからだ，もしこの不変で目に見えない「もと」がなければ，何からでもどこからでも，自由自在に人間が生まれることになってしまう，それに見えなくなったからといって消滅してしまうものなら，とっくにすべてのものはなくなっているはずである。こう彼らは主張する。つまり，たとえ物が見えなくなっても，もうこれ以上こわれないという最小で不変・不滅な「物のもと」がなければならない。これが"原子"だという。彼らにとっては，何も今日でいう原子でなくてもよかった。遺伝子も原子で

あった。目に見えず，物の構成要素で，不変性と不滅性を担う物であれば何でも
よかったといえる。

　変化する現象の中の不変性に注目したこと，そのために彼らは不変・不滅の原
子を考えざるをえなかった。そして，この原子をもとにして，「無から何も生ま
れない」「物は無にかえらない」という物質不滅の思想を生み出した。物の不変
性に注目したことが原子論を生み，原子論をもとにして考えると，物質の不滅性
は当たり前のこととして理解されるようになった。このように，原子論は，その
誕生とともに，物質不滅の思想と切っても切れない深い関係を持っていた。

## ・空虚がないと，原子の運動・変化はおこらない

　次に，原子でこの世界が構成されているとすると，不変・不滅な原子だけでは
世界のあらゆる運動や変化，物の多様性が説明できない。そこで，原子の運動を
保証する空虚（空間）の存在がどうしても必要である。そこで彼らはこういう。
すべてのものは，運動を妨げる原子と，運動をまったく妨げない空虚からなる
と。

　空虚の存在と運動の不滅性の思想は，原子論のもう1つの主要な柱であった。
空虚は，運動をまったく妨げない。運動にたいして完全無抵抗である。だから運
動が滅びる理由がない。したがって空虚のなかでは原子の重さによって運動に違
いが生じることはありえなかった。すべての原子が等しい速さでまっすぐ動くと
いう。運動の不滅性とともに，その不滅性を保証する空虚は無限に広がっていた
（無限宇宙の考え）。

## ・原子の組み合わせと運動だけで，多様で変化する自然が説明できる

　原子と原子の運動できる空虚があれば，世界のありとあらゆる運動や変化に富
んだ多様な現象は，すべて，原子の組み合わせとその変化によって説明できるこ
とになる。これはあたかもアルファベットによって，文章ができ上がるのと同じ
ようなことだというわけである。物の色やにおいなど，変化する性質はすべて原
子の性質からはぎ取られ（第2次性質），原子のみが不変な性質（第1次性質）
をになう。したがって原子には"重さ"や"大きさ"などの不変な性質のみが与
えられ，可変な性質，物の多様性はすべて原子の組み合わせとその変化の結果に

帰せられてしまう。つまり多様で変化する現象形態は"みかけ"のもの"相対的"なものであり、すべてが現象の背後にある不変な実体"原子"のなせるわざというものであった。このような原子を導入すること自体が、われわれの感覚や経験をのりこえたものによって現象を説明できるという宣言にほかならなかった。感覚や経験にたよるだけでは絶対原子論は生まれなかっただろう。

## 3 近代科学にとって原子論的自然観の何が有効であったか

　たったこれだけの原子論者たちの主張が、近代科学の形成過程においていかに有効な自然観であったか、そのかかわりを検討しておくことはきわめて価値あることと思う。実際、コペルニクス、ブルーノ、ガリレオ、ガッサンディ、フック、ニュートン、ボイルなど多くの近代科学の形成者たちが原子論的自然観とは何らかの形で深いかかわりをもっていた。

　一体、原子論的自然観の何が、物理法則の発見に有効であったのか。

### a. 不変性の追究と保存法則, 不変法則

　古代原子論者は経験事実を決して無視したのではなかった。それどころか、日常不断に経験する事実の中の不変な現象に注目したこと、そして変化する現象をそのまま法則とするのではなく、その現象の背後にある原因を合理的に理解しようとしたところに原子論の特徴があった。原子論をもとにした物質不滅の思想、運動不滅の思想こそが、経験に縛りつけられた考えを打ち破る重要な指導原理であった。

　質量保存の法則は原子論での物質の不滅性に対応し、慣性の法則、運動量保存の法則などは運動の不滅性に対応する。さらに「無から有は生じない」という考えはエネルギー保存の法則の発見に道を開いた。このように物理の根本原理は保存量がその根底を貫いている。慣性の法則は視点を変えると、ガリレイ変換における力学法則不変（ガリレオの相対性原理）と表すことができる。つまり、物理法則は保存量ばかりか、不変な法則がその根底を貫いているともいえる。このような不変性追究の論理は、原子論のそれとまったく同じである。

### ・物質の不滅性——質量保存の法則

　「炎は上昇し，石ころは下へ落ちる」。この事実は誰が見ても疑いようがない。"軽さ"があるというアリストテレスの考えは，こうした事実をもとにしているだけに信用しやすい。今でも「水素をつめると軽くなる」とか「空気は暖められると軽くなる」と気軽にいうし，それが正しいと思ってしまう。ところがいくら事実が正しくても，その解釈が正しいとは限らない。軽さのために上昇するのであれば，それ以上の説明はまったくいらない。木が水に浮くのも，「木は水に浮く性質がある」とすればそれでこと足りる。「本が落ちないのは机の上にあるからだ」，こう解釈すれば力学などという面倒なものはまったく不必要である。ところが，「すべてのものに重さがある，いくら姿・形が変わっても，物の重さは変わらない」と考えた人びとは，落ちるはずの物が落ちなかったり，上昇したりする現象に出くわすたびに，その理由を明らかにする必要にせまられた。ルクレチウスは，丸太が水に浮いたり炎が上昇したりするのは水や空気の原子がそれらを上につきあげているからだ，とはっきりいっている。

　このように軽さの考えを否定して，**すべてのものに重さがあり，その重さは変わらないとすると，どうしても浮力とか抗力などという力の概念を導入せざるをえない。物質不滅の思想にもとづく原子論を指導原理とする限り，力学的見方は避けられない。**

　質量保存の法則は，ラボアジェによって最終的に確立された（1772）。

　しかし，質量概念はラボアジェより以前にその不変性を前提として力学において形成されていたことに注目したい。この概念は力学の論理を構築する上でどうしても必要なものだった。高度に抽象的な質量概念などは単なる実験だけではなく，物質の不滅性に対する深い信頼感がなかったら決して生まれなかったであろう。

### ・運動の不滅性——慣性の法則，運動量保存の法則

　"静止が物の本性だ"というアリストテレス的自然観は，何を手がかりとして打ち破られたのだろうか。「何もない空虚の中では，運動を妨げる物は何もない。だから運動は不変である」。このように空虚の中での運動の不変性に注目した人びとは，実際の運動がすぐ止まってしまう現実を見て，「それは物に止まる性質

があるからではなく，妨げる物があるから止まるのだ（原子の衝突）」と説明する。原子論での運動の不滅性を前提とする限り，運動変化の原因を原子の衝突という力に求めざるをえないのである。こう考えると原子論的自然観は，すでにその内に，ガリレオの慣性の法則やニュートンの運動法則の「原型」となるものを含んでいることがわかる。原子論的イメージを手がかりにすると，直観的ではあるが，力学が実にわかりやすくなるというのは，このようなためだと考えられる。運動量保存の法則は物体がいかなる衝突をくりかえしても，全体の運動量は一定に保たれる（全体の系が力を受けないとき）という法則である。全体の系は，慣性の法則そのものである。つまり，これらの法則は運動の不滅性を述べた法則なのである。

### ・無から有は生まれない——永久機関は不可能

　物質や運動が不滅であるように，何ごとも「無から何かを生みだすことは不可能である」。こう主張するのが原子論である。どんなにすばらしい道具や機械でも，何もせずに無限の仕事を取り出すことは不可能である。このことにいちはやく気づいたのはレオナルド・ダ・ビンチだといわれる。永久機関が不可能なことはガリレオの全研究の中で徹底して貫かれた指導原理だった。ガリレオは，機械や道具に，与えられた以上の仕事を決してさせることができない，機械や道具で自然をごまかせるなどというのは大間違いだという。これは「仕事の原理」として定式化された。ガリレオが終始一貫して貫き通したこの原理はエネルギー保存の考えであった。

### ・保存法則

　以上，ここにあげた保存法則は，実験でえられたものというよりはじめは哲学的要請によって生まれた思想という側面が強く[3)]，これを，いかに実証性をもたせるかで科学になった法則といえる。

　古代原子論者のいう保存は大局的なもので，途中はともかく全体としてその量が一定であるという，一つの思想としての保存であった。これは実証できない。これに対して，近代科学における保存則はすべて局所的保存則となっている。ある閉じた系を考え，この系にある量が入った分だけ系内では増えるという形の保

存則である。ラボアジェの質量保存にしろ，マイヤーのエネルギー保存にしろ，すべてそうである。こういう形で保存則が把握されるようになってはじめて実証可能となった。そこが古代の考えと違うところである。しかし，たとえ局所的に実証可能となっても，局所と局所のあいだのまったく未知の領域において保存則が成立するという保証はまったくない。このような場合，保存の思想を未知の領域の指導原理にせざるをえない。このように，保存の思想は近代に限らず現代においても一貫している。

## b.　ものの同質性の追究から普遍法則へ

「物理法則の最大の特徴はその普遍性にある」[4)]とファインマンがいうように，物理法則は基本的であればあるほど，森羅万象を通して普遍的に成立する法則が問題になる。近代科学はまさに異質に見えるものの中に普遍法則が成立するという，その法則の発見によって成立したと言い切ってもよいであろう。ところが，この法則が成立するためには，異質なものの中に同質性を発見したからそれが可能となったともいえる。たとえば，質量の概念をとってみよう。「鉄1kgと綿1kgとではどっちが重いか」という問題があるが，鉄と綿というまったく性質の異なるものがどうして比較できるのか。個々の性質は異なっても，鉄や綿などすべてのものに共通する同質の何かがあるという前提に立たないかぎり両者は比較できない。ともに1kgだから質量が等しいといえばそれでよいかもしれない。ところが，その質量とは何なのかと問われると困ってしまう。質量とは物質が「どれくらいあるか」を示す「物質の量」のことだ，といわれても何を指して「物質の量」というのか，今一つピンとこない。こういう疑問に対して原子論者の答えは明解である。「物質の量は，重さをもった原子数によってわかる」と。つまり，原子を前提として「重さ」はすべてのものに固有な普遍的性質であった。だから原子の数を数えれば「物質の量」がわかるという[5)]。これは質量概念のはじまりとみることができる。

後に，質量概念は法則にもとづいて把握しなおすことになった。ニュートンの運動法則にもとづいて慣性質量の概念が形成された。さらに，万有引力の法則の発見によって，重力質量の概念が形成された。

ガリレオの相対性原理，ニュートンの万有引力の法則の発見をとってみても，

天地の同質性の認識がなかったら不可能だった発見と見てよい。天体の運動をまったく異質に見える地上にも認めるとか，リンゴと月の運動がまったく同じ法則に支配されているのではないかという着想は，単なる思いつきでは決して生まれない。この着想には天も地もあらゆるものが同質の原子でできているという原子論的自然観が有効に作用したと思われる。天と地を峻別するアリストテレス自然観はそれなりの合理性をもっていた。重い物の落ち場所が大地であり，重い地球は動かない。それに対して，軽い物の行き着く場所が天であり，重さのない天が動くのに力は不要であった。天が地上に落ちてこないのも重さがないからであった。だから，この一見もっともらしく解釈された自然観を打ち破ることは単なる思いつきではできなかった。**天と地の同質性を主張する原子論をとる限り，いくら重い地球でも，それが動いて当たり前という理由がなければならないし，重さをもつ月が石ころのようにどうして地上に落ちてこないかが，力学的に説明されねばならなかった。まさに天地の同質性の認識が力学的解決を否応なく要求する結果となった。**ガリレオの相対性原理，ニュートンの万有引力の法則の発見はその典型である。いいかえれば，原子論による同質性の追求は力学を生みださずにはいられなかったといえる。

　原子論的自然観にもとづく自然における同質性の認識，これは社会においては民主主義の思想と軌を一にする。王様だからといって，奴隷と同様，死を免れることはできない。つまりどんな立場にいる人間でも人間としてまったく同質である。原子論をとることは，いやおうなく神や階級秩序を否定することにつながる。これに対して，「物にはもともと本来の居場所があって，そこへ向けて運動する」というアリストテレスの自然観は，社会においては神や王や奴隷の存在を「もともとこうなのだ」と肯定する役割を果たした。時の権力者たちがどうしてアリストテレスの自然観を受け入れ，原子論的自然観を徹底的に目のかたきにしたのかは，このような理由があったからだと思われる。

　物の構成要素として原子という実体を導入するということ，これは，
（ⅰ）変化する現象の中に不変性を追究することであった。
（ⅱ）多様で異質なものの中に同質性を発見することであった。
（ⅲ）異質なものを質的にのみとらえるだけでなく，量的にとらえることを可能とした。

　そして，現象の中の不変で，同質，量的にとらえられる3つの側面に着目し，あらゆるものに共通の普遍性を見つけ出そうとしたこと，これが近代科学の重要な特徴の一つであった。近代科学は物の普遍性を見つけ出すことにとどまらず，物から抽象されたところに成立する普遍法則の存在を明るみにだした。物にもとづいて普遍法則を明らかにしながら，一方では，この法則にもとづいて物を説明するようになった。すでに述べたように，質量概念の形成の歴史はこのことを如実に物語っている。

　このように，物の同質性の発見は，あれこれの特定の物から切り離された普遍法則を抽象し，この法則にもとづいて，あれこれの特定の物を説明できるようになったのである。

## c. 質から量へ

　アリストテレスは，天と地の違い，重さ・軽さなど，質的違いによって自然の多様性を説明としようとしたので量的把握は困難であった。これにたいしてガリレオは古代原子論の伝統をうけつぎ異質なものの背後にある量を重視した。この際，質の違いを量的違いによって説明できるものとできないものにわけて考えた。「重さ」とか「大きさ」など原子自身の性質に由来して〈測る〉ことができる性質——第1次的性質——を重視し，熱とか味，におい，色といった人間の感じ方の違いが効いてくる性質——第2次性質——を除外し，客観的に〈測れる〉ものだけで理論をつくろうとした[6]。このガリレオの考えは実証可能な理論への道を開いた。

　ガリレオ以前から，温－寒，明－暗，動－静，のような質の対比から次第にその強さの相違が問題になって，その強さの違いにたいして数値があてはめられるようになり，運動の強弱としての速度から量としての速度への把握がすでに可能となっていた[7]。ガリレオの理論はこれらをうまく取り入れた。客観的に〈測れる〉理論に数学は必要不可欠であった。そして実際，落下法則や放物運動のように，きわめて単純な数量的関係を発見したのである。

　ガリレオ以後の近代科学の歴史は，ガリレオやデカルトが〈測れない〉性質として除外したものを次々と取り上げ，これを〈測りうる〉ものにしていく過程で

あった。音とか，熱とか，色など[7]。このように近代科学は，自然のさまざまな質的違いを量的に把握することを可能にしてきた。このとき，質的に異なる現象をみかけのものとし，より本質的なもので現象を説明する原子論的自然観はきわめて重要な自然観であった。

## d. 相対性

　近代科学における相対性の発見は自然観・世界観に深い影響を及ぼした。アリストテレスの自然観は，人間の生活の場——大地——を中心にして，感じ経験する現象をそのまま法則とする，いわば自己中心的自然観であった。これに対してコペルニクスは特別な地位にあった地球を他の惑星と同格のものとし，太陽系の中に相対化した。その後ガリレオは相対性原理を発見する。これは同質なもの，ないしは不変法則の存在を前提にして成し遂げられた相対化であった。

　地球の相対化は，人間の寄って立つ自己中心的な足場を取り去るものであり，常識的世界，自己中心的世界に浸っている人びとから猛烈な抵抗があったのは当然である。近代科学は人間の立つ足場を宇宙空間の中に放り出したかわりに，人間理性の絶対性を確認した[8]。自らの寄って立つ位置が大地にあるのではなく，不変な法則にあることが相対性原理の発見であった。つまり感覚と経験だけにはたよれない，理性的認識，法則的認識こそが信頼するに値するということの発見であった。

　このような地球の相対化は，天と地の同質性の認識——天体構造に対する実体論的認識——がなかったら不可能なことであったに違いない。原子論は，あらゆるものを原子の組み合わせとその運動に還元し，すべての現象をみかけのもの，相対的なものとする点で，その内に一種のものの相対化の考えを含んでいた。この意味では原子論的自然観は，まさに相対性を発見する過程において有効な導きの糸となった。その後の物理学の発展は，アインシュタインの相対性理論，現代物理における対称性の理論にみられるように，不変法則を追求する一方，個々の概念及び法則の相対化を追究する過程そのものである。

## 4 科学教育の方法としての実体論

　物の構成要素としくみから，多様な現象を具体的に説明しようとする思考方法

は，未知の法則発見の重要な手がかりを与える。つまり，この思考方法は現象と本質を橋渡しする役割をになう。これは実体論的段階[9]と呼ばれている。武谷三男によれば，ニュートンの万有引力の法則という本質的普遍的認識への到達には，ティコ・ブラーエの詳細な観測──現象論的認識──の段階からいきなり本質的認識に至ったのではなく，ケプラーによる天体のしくみが実際どのようになっているかという，実体論的認識が契機となって，本質的認識に至ったというのである（6章参照）。考えてみれば，アリスタルコスが地動説を唱えたのも，太陽，月，地球の大きさや距離を求めるという天体のしくみ──実体──を考えたからだった。コペルニクスも太陽系のしくみを合理的に考えることによって地動説を唱えた（4章参照）。ニュートンの本質的運動法則が確立するには，ガリレオによって，地上の物体の運動が実際どのようになっているかを確かめるという，実体論的認識の段階をたどっている（2，3章参照）。そして，望遠鏡による金星の満ち欠けを含む星の観測という実体論的認識が地動説を確固たるものにした。

　物理教育においても，対象とする物がどんな物から構成されており，どんなしくみになっているかについて，直観的でよいから，豊富なイメージがわくようになっていれば，本質的法則の把握はずい分容易なものとなる。

　さらに，本質的法則を学んでから再びその法則に基づいて，より正確な物のしくみについてイメージ化ができる。

　物理教育に実体論的基礎をすえること，これが私の大きなねらいである。本書では現象──本質という平板な論理でいきなり本質のみを解説するのではなく，物と物のしくみ──実体──に対するイメージをもとにして発見的立場を貫けば，はるかに本質がわかりやすくなるという考えを，全体を通して具体的に展開する。


　このように，原子論的自然観を背景にもつということ，これは自然科学が「物に即して物を説明する」ことの宣言にほかならない。こういう態度を貫けば原子論者のいうとおり神は不要である。神といえども原子をつくることはできない。

　今日，超能力さわぎで世相が大きく揺れたり，いかがわしい宗教が蔓延する土壌において，物に即して物を考え，さまざまな現象の原因を物（客観的世界）に

求めるという精神をしっかり培っておきたい。

注
1）板倉聖宣・江沢洋『物理学入門』,国土社
2）古代原子論に関するものとして,
　『エピクロス』,岩波文庫
　ルクレチウス『物の本質について』,岩波文庫
　『宇宙をつくるものアトム』,国土社　少年少女科学名著全集4
　『事物の本性について──宇宙論』,筑摩書房,世界古典文学全集21
　『世界哲学史1』,ソビエト科学アカデミー版,商工出版
　伊東俊太郎「古代・中世の自然観」『自然の哲学』,岩波講座哲学6など
3）保存の考えは,哲学的要請だけでなく,経験的,技術的側面からの要請もあったことを見落とせない。
　古くは物々交換の時代からの経験で得た物質の保存など,がこの例にあたる。
4）ファインマン『物理法則はいかに発見されたか』,ダイヤモンド社
5）現代の考えによれば,原子核を構成する核子（陽子と中性子をあわせたもの）の数というべきもの。たと
　えば,水素と酸素を同じ質量だけもってくると,原子の数は水素の方が酸素の16倍あるが,核子の数は
　ともに等しい。
6）青木靖三『ガリレオ』,平凡社
7）F.フント『思想としての物理学の歩み（上）』,吉岡書店
8）佐藤文隆『ビックバンの発見』,NHKブックス
9）武谷三男「ニュートン力学の形成について」1942,「ガリレイの動力学について」1946,『弁証法の諸問
　題』,理論社（武谷三男著作集『弁証法の諸問題1』,勁草書房所収）。
　現象論－実体論－本質論という自然認識の三段階論。湯川秀樹の中間子論の方法論的意義を強調
　し,坂田昌一グループの素粒子「複合模型の方法」に大きな影響を与えた。

## 力学的自然観と他の自然観の比較

| アリストテレス的自然観 | 古代原子論的自然観 | 近代科学−力学的自然観 |
|---|---|---|
| 経験する現象をそのまま解釈した体系 | 不変不滅な原子と自由に動ける空虚の存在《感覚・経験を超えた存在》と多様で変化する現象（感覚・経験する世界）を合理的に説明 | 物の構造と普遍法則の発見 普遍法則によって物を説明 |
| 《軽さ》〈炎は上昇し，重いものほど速く落ちる〉 | 《物質不滅の思想》「姿・形が変わってもものの《重さ》は変わらない」「すべてのものには重さがあり下へ落ちる」「上昇したり落ちなかったりするのは上へ押し上げる《力》があるからだ」《無から有は生じない》 | 《質量保存の法則》不変・不滅な原子の存在 重力質量の概念\n\n力の概念（浮力・抗力）\n\n《エネルギー保存の法則》 |
| 《静止が本性》〈動く物はすぐ止まる〉〈無は存在しない〉 空虚の否定〈運動−何物かが動かす〉 $F \propto v$ | 《運動不滅の思想》「妨げるものがなければ止まらない」《運動が本性》《空虚》：運動にたいして完全に無抵抗「現実の運動が止まるのは《妨げるもの》があるからだ」（抵抗：原子の衝突） | 《慣性の法則》《運動量保存》\n\n真空の存在《力の概念：運動変化の原因》 $F \propto ma$ |
| 《天動説》自己中心的世界《絶対化》〈太陽・星が動き，大地が動くと感じない〉〈静止と運動は異なる〉 | 《現象の相対性》多様で変化する現象は相対的 原子の組み合わせで説明できる 現象の相対性と原子の不変性不滅性 | 《地動説》天体構造の発見《相対性原理》運動の相対性と法則の不変性 |
| 《天と地の峻別》天─完全 不変・不滅 円運動：自然運動 軽いものの行きつく場所 動くのに力はいらない 地─不完全 変化・生成消滅 強制運動 重いものの行きつく場所 重い地球は動かない | 《天と地の同質性》天も地も同じ原子でできている | 《天地の同質性・法則の同一性》《直線慣性と向きを変える力》《万有引力の法則》\n\n「重い地球でも動いて当たり前」「重さを持つ月がどうして地球に落ちないか，《力学的説明》が必要」 |
| | （1）変化する現象のなかの**不変性**の追求 （2）多様で異質なもののなかに**同質性**の発見 （3）異質なものの質だけでなく**量的**に把握 すべてのものに共通の**不変性**を発見 原子をのりこえたところに成り立つ**普遍法則の発見** **普遍法則にもとづく物の説明**《科学の方法の確立》《理性的・法則的認識》 | |

# 4　近代科学と現代の階層的・歴史的自然観

　近代科学はニュートン力学の誕生以来急速に専門分化し，それを生みだすもと
になった哲学，思想，自然観とも切り離されるようになった。この傾向は現代に
至ってもほとんど変わっていない。これは，専門の知識を取り入れやすくした半
面，その学問や諸概念の成り立ちと意味を大変とらえにくいものとしている。日
本において西欧の近代科学を受け入れ始めたとき，当時の科学はすでに，その成
果だけを取り入れることが可能なほど専門分化していた。

　　　日本に伝播可能であった西欧の科学・技術とは，要するに日本人の思考方
　　法でも理解しうるところにまで，歴史的変貌を遂げた後での科学・技術にほ
　　かならなかった。…日本が受容しえた科学・技術は，それを発生させた文化
　　基盤の異質性にはかかわりなく，実際に運用していけばしだいに習熟しうる
　　ような知識や方法にまで，すでに整備されていたのである[1]。

と辻哲夫がいうとおりである。

　黒船到来のショックにはじまり，明治の富国強兵，殖産興業という旗印は，ま
さに近代科学のもたらす実利実益をしゃにむに追求することにほかならなかっ
た。たとえ，促成栽培であっても，科学の成果の運用にある程度習熟すれば，か
なりの実益を生みだすことができる。近代科学を生みだした哲学や思想，自然観
とは関係なしに，である。このため，科学にたいして，

　　　とくに日本では，その実用的成果を驚異の目で眺めながら，そうした成果
　　を上げるための妙法としてうけとる，きわめてせまく限定した見方が優先し
　　やすい[1]。

　当然，教育はこの線に沿って行われてきた。実利をもたらす科学の成果の注入
という教育の基本的姿勢は，明治以来現在に至るまでほとんど変っていない。現
在では，入学試験合格という実利実益をもたらすものにすりかわってしまった感
すらある。

　冒頭，40年前から経験的自然観は少しも変っていないと述べてきたが，おそら
く40年はおろか，明治以来100年以上にわたって，経験的自然観の変革を正面か

ら取り上げる教育は行われてこなかったに違いない。

　現在，入試を取り去ったら学ぶことの意味はどこにあるのだろうか。今や注入と暗記だけではどうにもならない状況があちこちに露呈している。面白くない，わからない，くだらない，という生徒の声は，まさにこの矛盾をついた言葉なのである。近代科学を教えてきたから，このように生徒がいうのではない。むしろその逆である。いまだかつて近代科学が科学として本格的に教えられるということがきわめて少なかったことにこそ問題があるように思えてならない。このように見てくると，私たちは近代科学のとらえ方を改めなければならない。これまでのような近代科学のとらえ方ではなく，近代科学を生みだすもとになったところの，その根本からとらえなおさなければならない。当時は科学も非科学も哲学・思想・自然観も一体のものとなっていた。そこまでさかのぼって近代科学をとらえなおさないことには，学ぶことの意味はどうしても明らかになってこない。今科学教育に欠けているもの，それは科学に対する信頼感の確立とともに，近代科学を生みだすもとになったところの哲学・思想・自然観なのである。

　20世紀に入ると，原子物理の発展を軸として，原子の不可分性が崩壊し，作られたり，壊されたりするようになった。そして，無限に小さなものから無限に大きなものまで，…銀河−太陽系−マクロな物体−分子−原子−素粒子−基本粒子（クォーク）…という質的に異なる自然の階層が存在し，そこには固有の法則が支配しており，適用限界があること，さらにこれらの階層は絶えず生成と消滅の中にあり互いに関連しあって自然を作っているという階層的自然観を生みだした。

　歴史的自然観は「自然とそのしくみの一つ一つが，驚くほど長い自然の歴史的産物であり，すべてのものに起原があり，歴史・発展がある」という自然観である。生物の進化だけでなく，宇宙の進化も，原子物理学の発展をもとに解明されるようになった。自然の階層性が空間的なものだとすれば，歴史性は時間的に「もの」や「こと」の価値と位置づけを明らかにする。これは自然の中の人間の価値と位置づけまでを明らかにすることにほかならない。

　このような現代の統一的自然観[2]を獲得するに至って，原子論的自然観は大きな変貌を遂げた。同時に，科学の成果は原子を壊したり作りかえたりする原水爆として現れ，現在では地球環境破壊としても現れ，科学の社会的機能など，科学

そのもののあり方が真剣に問いなおされるようになった。原子論的自然観は現代科学が到達したこのような統一的自然観の一翼をになう自然観として位置づけることができる。

　私はこれまで物理の授業の導入として，かなりの時間を使って「自然の階層性と歴史性」の話をしてきた[3]。

● 自然の長い歴史にくらべると人間の生命はすごく短い。この広い宇宙の地球の中に住んで偉そうにしている私たちは，外から見ると点にもならないほど小さな存在だと思った。でも，こんな小さな人間がいろいろなことを解き明かすのだから，人間の認識能力のすばらしさに感心してしまう。

● ……こうして宇宙のことから順に学んでみると人間なんてほんの一かけら，人間の一生なんてほんのわずかでしかないということをひしひしと感じました。そして自然と生命の偉大さが感じられ，私も私なりに生きているうちに何でも体験し，一生懸命やらなくてはと，生命力をかきたてられました。

● ……私たち人間があれだけ長い歴史の結晶だなんてすばらしい。自分の中に海が，地球そのものの歴史が入っていると思うとワクワクします。

● ……ほんとに気の遠くなるような時代をへて，今現在私たちがここにいるのだと考えると生命というものは本当に尊いものだと思いました。今の世の中，殺人とか，赤ん坊を平気で殺すとか，戦争が今起こっていますし，核兵器を作ったり，いろいろですけれど，今こうして私たちの生命を造りあげるのにどれだけかかったか，こうまで人類が進歩するのにどれだけかかったのかをよく考えるべきだと思います。

　このような生徒の感想を読むにつけ，階層的・歴史的自然観（現代の統一的自然観）は，現代の人間の生き方までを問い直しているように思えてならない。

　階層的・歴史的自然観は，近代科学が絶対的なものではなく，法則に適用限界があることを示すものであったし，それぞれの階層に固有の法則があり，その法則のかけがえのなさを全体の中に位置づけることを可能とするものであった。現代の統一的自然観は普遍法則追究という近代科学が獲得した価値を少しも貶めない。むしろこの自然観は量と質を統一して把握する必要性を示すとともに，無条件に法則を絶対化しない，つまり自然を弁証法的に統一してとらえることの大切

　さを教えたといえる。
　原子論的・力学的自然観はこうした現代の統一的自然観の一翼をになうものであることを肝に銘じておきたい。

注
1）辻哲夫『日本の科学思想』, 中公新書
2）坂田昌一「科学の現代的性格」『NHK放送』1956（『科学と平和の創造』, 岩波書店, 1963所収, 高校教科書『現代国語2』, 筑摩書房, 1966に掲載）
　坂田昌一「現代科学の性格」『日本の科学者』第1巻第1号, 1966, 日本科学者会議（『新しい自然観』, 1974, 国民文庫, 大月書店所収）
　坂田昌一「現代科学の現代性」『自然の哲学』（岩波講座哲学6）, 岩波書店, 1968
3）飯田洋治「投げ込み教材でつづる自然の階層性と歴史性」『理科ノート』No8, 1977, 理科教育研究会（愛知）
　「階層的歴史的自然観の形成」『愛知の理科教育』No.2, 1982, 科教協愛知支部

# 1章

# 力学入門の
# 構成とねらい

## 学ぶ側から見直す

---

## 全体に関わること

　2章から展開する「力学入門」のおもなねらいは，序章で述べたように，経験的自然観に気づき，これを克服しながら，ニュートン力学を学んでいくことにある。そして，「経験や常識にもとづくより，科学の論理にもとづく判断の方がはるかに有効である」ということを確信させたい。

　知的好奇心をよびさまし，見えないものを見抜く面白さと喜びを味わうことは，自然観の形成に大きな影響をもたらす。原子論的見方を背景に，力学的自然観の形成に力を注ぐことも本書の特徴の一つである。

　私は仮説実験授業に，成立当時から，大変強い影響を受けてきた（仮説実験授業については，序章参照）。本書は，その基本精神を受け継いでいる。文中の〔問題〕は，予想を立て，討論をし，実験を行うことを基本とし，〈話〉を加えた。〈質問〉は，あまり深入りした討論や実験は求めず，その後の解説の導入とした。

　本書は，おもに職業高校の生徒を対象にして実践してきたものである。ここでは数学的扱いを大幅に省略している。理工系大学への進学を目指す高校生には数学的取扱いに配慮が必要になるだろう。多様な高校が存在する中で，また中学校や大学でも，実状に応じた活かし方が可能だと思う。これは高校生を対象としたものではあるが，大部分は中学生にも教えられるものになっている。だからといって，決して程度を下げてはいない。むしろ，中学生から高校生，さらには初年次の大学生，一般の方々に対しても，近代科学の成立を通して本格的な科学の見

方・考え方に迫ろうとしたといってもよい。

　ここでは可能な限り身近な材料を使い，簡単で科学の論理が浮きぼりになるような実験を積極的に取り入れた。高価で，手の込んだ実験装置なら，それが出来てあたりまえである。それに生徒には高価さと手の込み具合に目がいってしまい，肝心の概念を形成する課題はどこかへ吹っ飛んでしまう。その点，身近で簡単な実験ほど科学の論理は浮きぼりになりやすい。それだけではない。このような実験は，私たち教師が気楽に出来るだけでなく，生徒にとっても，自分の手で作り変え可能で，彼らの手の届く範囲にある。

　ただ，ここに登場する実験はほとんどがデモ実験である。もっと生徒が自分の手でつくり，手と身体を通して頭を鍛えていくような実験のやり方が工夫されても良いように思われる。これは今後の課題である。

## 学ぶ側から見直した力学入門の概略

　力学教育のなかで形成する基本的概念・法則とは一体何なのか。いったい何をさして「科学の論理」と呼ぶのか。これまでこのような概念分析は大変不徹底であった。教える側はもちろん，学ぶ側からみて，その概念・法則がどういう意味を持ち，どう全体を貫くのか，自然観とのかかわりではどんな意味を持っているかなど，それらの概念・法則の有効性の再検討を避けて通るわけにはいかない。

　概念や法則をどのように位置づけ，どう発展させようとしているのか，この章ではその発展段階の概略を示そう。

　あわせて，本書では，各章の前段に〈ねらいと解説〉を設け，できるだけ詳しい解説をした。具体的展開と重なる部分も多いが，強調しているところと思っていただきたい。

　なお，初期の力の概念形成は動力学に入る前に静力学から私は始めるが，ここでは7章に掲載した。

### 力の概念の形成《物が外から受ける量》（5，6，7章「ねらいと解説」）

　日常使われる「力」と名のつく言葉は非常に多い。その意味する内容は，水力，火力，原子力のようにエネルギーを表すものとか，暴力，権力から学力，理

解力など物理的概念以外にも広く使われる。概して「持っている量で外にたいして何かを行うことができるような，エネルギーに似た"何物か"」を「○○力」という場合が多い。

　したがって，力学でいう力の概念は，物の持つ量ではなく，必ず矢印で表されるベクトルで，外から物体が受けるものであることを明確にし，静力学の段階から，常識的な「力」との区別をはかっていきたい。

---

### 力の概念の形成

第1段階　静力学における力

　　　(a)　力のベクトル性　　　　　　　　　　$\vec{F} = m\vec{g}, \ \vec{F} = \vec{F_1} + \vec{F_2}$

　　　(b)　動きだしによる力の発見　　　　　　$F \propto \Delta v$（初期条件静止）

　　　(c)　変形による力の発見　　　　　　　　$F = -kx$

　　　(d)　作用反作用　　　　　　　　　　　　$F_{A \leftarrow B} = -F_{B \leftarrow A}$

第2段階　運動の形成要因としての力　　　　　$F \propto \Delta v$

第3段階　運動の形の形成要因としての力　　　$\vec{F} \propto \vec{\Delta v}$

　　　　　向きを変える力，ベクトル

第4段階　力の概念の発展

　　　　　力積（力の時間的効果：ベクトル）　　$\vec{F} \Delta t$

　　　　　仕事（力の空間的効果：スカラー）　　$\vec{F} \cdot \vec{\Delta s}$

　運動量（ベクトル）や運動エネルギー（スカラー）は物のもつ量であるが，力積や仕事の概念は出入量であることをはっきりさせる。

---

## 質量概念の形成《物のもつ量》（5，6，7章「ねらいと解説」）

　力学においては質量だけで物質を表す。だから，力学で物質観の形成をはかるということは，質量概念を形成することにほかならない。質量概念は抽象性が高いため，原子論的にとらえると大変わかりやすい。

---

**質量の概念の形成**

第1段階 「物のもつ量」（物質の量）としての質量　　　　　　　　$m_\mathrm{g}$

　　　　　スカラー量　矢印で表せない

　　　　　重力質量（重さ）の初歩的原子論的導入

第2段階 「運動の変化に逆らう量」としての質量　　　　　　　　$m_\mathrm{i}$

　　　　　ニュートンの運動方程式（第2法則）をみたす慣性質量

　　　　　　　　　　　　　　　　　　　　　　　　　　　$a = F/m_\mathrm{i}$

第3段階 「力の源」としての重力質量（←万有引力の法則）　　　$m_\mathrm{g}$

　　　　　質量はまったく別個に導入された重力質量と

　　　　　慣性質量の二重性をもつ　　　　　　　　　　　　$m_\mathrm{g} = m_\mathrm{i}$

第4段階 運動物体が持つベクトル量とスカラー量　　　$\vec{m_\mathrm{i} v},\ (1/2)m_\mathrm{i}v^2$

---

## 運動の概念と自然の力学的しくみ　（2章「ねらいと解説」）

　ニュートン力学は乗り物など人工的な運動に対しても一般的に成立する。しかしここでは，一般的な運動学を避け，落下法則・放物運動を中心に実際に存在する自然に問いかけ，自然は法則通りに応答することを検証する。そして，速度・加速度・時間・距離の関係の法則的な認識の確立をめざす。

## 相対性原理・力の相互作用　《相互関係》

### （ⅰ）ガリレオの相対性原理（3章「ねらいと解説」）

　位置・運動の相対性やガリレオの相対性原理などは最終的にはアインシュタインの相対性理論で完結する。

### （ⅱ）作用・反作用の法則（ニュートンの第3法則）（7章「ねらいと解説」）

　物体を一つにまとめても分割して考えても構わない。私たちはこのことを，あまり深く考えずあたりまえのこととして考えがちである。しかし，作用反作用の法則が成り立たなければ，分割したりまとめたりすることはできない。作用反作用の法則は，系を任意に分割してもまとめても一向にかまわないことを保証する

法則である。意外にこの点は見落とされやすいので特に注意が必要である。

運動量保存の法則は作用反作用の法則の別の表現だともいえる。

> ### 作用反作用の法則の形成
> 第1段階 静力学において，力の原理，変形と力を通して力の相互作用と分
> 　　　　割の任意性
> 第2段階 第2法則を習った段階での分割の任意性
> 第3段階 作用反作用の法則の一表現としての運動量保存の法則
> 　　　　運動量は力積（作用反作用）を通して交換される。
> 　　　　力学的エネルギー，拡張されたエネルギーも仕事（作用反作用）
> 　　　　を通して移動する。

## 地動説と天体の構造　（4章「ねらいと解説」）

地動説は，出来上がった力学の体系からみると直接かかわりはないが，実際の天体の構造の実体的認識とともに，力学形成過程で自然観の変革に直接かかわるものとして重視する。

## 法則にもとづく概念形成

本書では，多くの教科書とは異なり，個々の概念を定義することから出発することをしなかった。法則があるかどうかもわかっていない段階で，個々の概念を定義してみてもその定義がどんな意味をもつのかわからず，生徒はこれを単なる約束事と思ってしまう。定義の前に自然には厳然として法則が存在すること，これを検証しながら，法則の存在感を持てるようにすることが先である。こういう過程で初めて常識的自然観が一つ一つ法則にもとづいて崩され，末分化であった概念がより深い科学的概念につながっていく。

---

### 慣性の法則（ニュートンの第1法則）の形成

第1段階　相対性原理を前提とした慣性の法則の導入

第2段階　力のつりあいの下での慣性の法則

第3段階　慣性運動（慣性の法則にしたがう運動）の直線性，慣性空間の概念の形成

第4段階　運動量保存の法則は慣性の法則の一表現であること

### ニュートンの運動法則（第2法則）の形成

これは，力の概念，質量の概念の認識形成段階に対応している。

---

## 本書で使いこなす科学の論理

このようにまとめてみると，取り上げたいことはずいぶん多くあるようにみえる。結局，本書ではどういう科学の論理が使いこなせたらよいのだろうか。私が思うには，次の2つの原理につきるのではないか。

（ i ）力の原理　（7章）

（ ii ）相対性原理　（3章）

力の原理は静力学でもとりあげ，ニュートンの第2法則として完結する。相対性原理は動力学でしか現れない原理である。

そして，これらの原理を使いこなすには，初期の段階から

（ iii ）原子論的自然観

の積極的導入をはかることで，力学的自然観の形成に強く影響を与えることができるだろう。

# 2章

# 落 下 法 則

## 法則の存在感を！
細かなデータに頼らない運動学

---

## 1 ねらいと解説

### 1 | 運動学を落下法則で──法則に存在感を

　今まで，運動学というと，生徒はその公式が本当に成り立つかどうかわからないまま計算をさせられ，仕方なしにこれを覚え込むことがごく普通のこととなっていた。したがって，多くの生徒は動力学の入り口で興味と関心を失いがちであった。一方，落下法則は運動法則の特殊な例であるとか，広い運動学の中のほんの一部として扱われるのが普通であり，正面から位置づけられることはほとんどなかった。

　ここでは，運動学の一般的扱いをできるだけ避け，実際の落下運動から法則を発見する立場を貫く。**落下運動は等加速度運動以外を許さない。そこが一般的運動学と違うところである。法則の存在感はこの勝手な解釈を許さないところに生ずる。**実際に成り立つ法則だという法則観，単純だが実に見事な法則が存在するものだという**法則の存在感**と，自然は法則通り応答するものだという**法則に対する信頼感は，**落下法則を通して著しく強まる。動力学の冒頭に落下法則を持ってきたのはこのためである。それに，運動学は自然観にかかわるものとして教えられたことはほとんどなかった。ガリレオが落下法則を発見する過程でアリストテレスの自然観に真正面から挑戦し，その一つ一つを掘り崩していったような，そんな運動学の試みがあってもよいのではないか。落下法則を運動学の中心にすえるのは，生徒の自然観を問いただす糸口にしていきたいからである。

## 2 定量実験は簡単な比較方式で

### タイマーから「命中式速度計」へ

運動している物体の速さはどうしたらうまくはかれるか。このことは決して小手先の問題には思えない。PSSC物理[1]の登場以来，記録タイマーはわが国のあらゆる学校に浸透した。微小時間ごとの移動距離を測定し，そこから平均速度を求め，グラフ化し，時間・距離・速さ・加速度の関係を考察する。こうした作業は無意味とは思わないが，ややもすれば，煩雑なデータ処理が主となり，一向に概念形成につながらない傾向さえあった。概念形成に役立ち，法則がむき出しになり，法則に対する信頼感がますような運動学の扱い方はないものだろうか。

私はその一つの方法として「命中式速度計」（飛距離で速さを比較する）の方法を採用した。この方法を使えば実に簡単に速さが比べられる。それだけでなく，定量化に際してむやみに細かいデータをとることから始めず，時間 $t$ が2倍3倍となれば速さ $v$ や移動距離 $s$ は何倍変化していくかという仮説を立て，簡単な比較による定量化で検証する方法をとった。これはガリレオが好んで用いた手法である。このことによって，落下法則は $v \propto t$，$s \propto t^2$ ばかりでなく $s \propto v^2$ まで一挙に検証可能となった。

〔問題2−2，2−3〕（p.54）などがそれである。これは記録タイマーでは真似ができない方法である。速さを比べるには，ものさしに空きビンのフタを吊るすだけである。予想する位置に球が命中するかどうかで速さを比べる。"パチン"と命中すれば，"法則は正確に成り立つものだ"と法則に対する信頼感はいやがうえにも増さざるをえない。時々，距離を測っている実験を見かけるが，距離を測ると誤差が気になって，かえって法則に対する信頼感を失ってしまう恐れがある。それに対して，目標に命中させるやり方は，少々誤差があっても命中するため，かえって正確感が増す。

## 3 速さの概念

普通，多くの教科書では運動学を「速さの定義」$v = s/t$ から出発している。しかし，「速さとは何か」とか「速さはどう定義されるか」ということは，初期

の段階ではそれほど必要とは思わない。なぜなら，生徒は幼い頃より直観的に「スピード感」としての瞬間の速さの概念をすでに持っており，この瞬間の速さの概念に依拠して，これをいかにして量的に測りうる速さ（「量」としての速さ）の概念にまで高めるか，そこが問題なのである。生徒の持つ直観的速さの概念をまったく無視して，定義した速さをむりやり押しつけても，一向に速さの概念は高まらない。それどころかそれは単なる約束事になってしまう。

$$vt = s \quad （等速直線運動のとき）\tag{①}$$

これは法則である[2]。さらに「いくら速さが変わっても，平均の速さがわかれば法則①をもとに移動した距離がわかる」という法則がある。

$$\bar{v}t = s \quad （\bar{v}；平均の速さ）\tag{②}$$

法則①，②は，落下運動の定量的予測を可能にするためには欠かせない。要するにここでのねらいは「生徒のもつ直観的速さの概念に依拠して，これを量的に測りうる速さの概念にまで高めながら，$v, t, s$ 間の法則的認識を形成すること」にある。

# 4 落下法則と原子論的自然観

真空中では羽毛も鉄片もまったく同じように落ちる。このことはほとんどの高校生が知っている。そこで，大粒と小粒の雨とではどちらが速く落ちるかときくと多くの生徒は同じだと答える。ところが実際は大粒の雨の方が速く落ちる。紙の上の知識より，アリストテレスの観察の方が正しい。しかし事実が正しくても「重いものほど速く落ちる」という解釈がいつでも正しいとは限らない。問題は空気をどうとらえるかにかかっているわけである。一方，空気がなければ鉄片も羽毛も同時に落ちると知ってはいるが，小さな原子や大きな月にも落下法則が成り立ち，地球の引力圏脱出速度が分子も石ころもロケットも同じになるとは，生徒は思いもよらない。

落下法則は質量によらない普遍的法則である。だから一つのものをどのように分割しても，まとめても，落下法則は変わらない。落下法則は分割したものどうしのあいだに相互作用の力があってもなくても変わらない。そういう法則なのである。ニュートンの第2法則 $g = F/m$ からみると，すべてのものが $g =$ 一定になるのは質量 $m$ と重力 $F$ がいつも比例しているからである。だから落下法則

は普遍性をもつ。以上のことは原子論的に見れば大変わかりやすい。

　古代原子論によれば，空虚のなかでは妨げるものがないので，運動は変化しない。重さも運動に関係しなかった（重さの違いは妨げてみてわかる）。これは慣性運動（等速直線運動）にそのままあてはまる。落下運動は加速するが，加速の原因に目をつぶってみよう。すると何らかの加速の原因があるにしても，妨害がない以上，落下運動に質量の違いは影響を及ぼさない。この点に限れば慣性運動も落下運動も同じであった。

　このように見ると落下法則では，等加速度運動の認識とともに，運動を妨げない真空の把握がもうひとつのポイントであることがわかる。原子論的に見た真空とは原子も何もない空っぽの空間のことであり，運動に対して完全に無抵抗な空間のことである。この意味では力学的真空というにふさわしい。ニュートン力学の空間概念は一様等方空間である。このような空間概念を形成する上で原子論的な力学的真空はきわめて大切であった。

## 5　科学の論理を浮きぼりにする単純明快な比較実験

　「落下運動は等加速度運動以外の運動を許さない」。つまり，落下法則では $v = at$（$a = $ 一定）を仮定し，法則②をもとに，$s \propto v^2 \propto t^2$ を導き，これを実験で検証すること，これがひとつのキーポイントになる。

　これまで常識の論理と対決し，科学の論理がむきだしになるような，そういう実験は，それほど多くはなかった。このような実験を工夫することは，授業展開の上では決定的に重要である。なぜなら，生徒の興味と関心，学ぶ意欲はこのような具体的教材に直結しているからである。今まで，数式の羅列感ばかり印象づけてきたのも，実はこのような対決実験がほとんどなかったからである。ここでは，落下法則の検証に実に単純明快な方法をとりいれた。カーテンレール１本と数個の球を用意するだけでよい。斜面を使えば時間を好きなだけ引きのばすことができる。それなら，直接，運動が観察できるほど斜面を極端にゆるくしてみてはどうか。〔問題２−６，２−７〕（p.59, 60）の実験はこういう発想である。時間をはかるのに時計などいらない。最初の１目盛を落ちる時間 $t_1$ の時間差で，等間隔の拍手をすれば，これで一定時間をきざむことができる。拍手するたびに，1，4，9，…の目盛上にあれば，それで等加速度運動の検証になる。たったこれ

だけの工夫で，実に簡単に落下法則が検証できる。

　落下法則は一つである。しかし，これを式で表すと，

$$v = at, \qquad s = (1/2)at^2, \qquad s = v^2/2a$$

という3つの式が必要となる。しかし，図2−16（p.61）のように $v, t, s$ の間の関係を一つの表にすると，落下法則はひとまとまりの法則として概念的に把握できて大変都合が良いこともつけ加えておこう。

　このような導入が可能となったのは，〈命中式速度計〉と斜面を積極的に位置づけたからである。

## 6 落下法則のエネルギー論的把握

　〔問題2−2〕（p.54）のように同じ高さから異なる斜面を下ったとき，下端の速さが同じになるという結論は高校生には自明でない。調査によれば，速さが同じと答えた高校生は40%に満たない。「急斜面の方が，加速がついて速くなる」という高校生もかなり多い。

　これまで，この種の問題はエネルギー概念を学習した後，力学的エネルギー保存のところで取り上げられてきた。それをわざわざ〔問題2−2〕として落下法則の冒頭にもってきたのは，原子論的見方とエネルギー論的見方の2つを背景として力学を教えればずい分わかりやすくなると考えたからである。エネルギー論的といっても，何もエネルギー概念を正面から教えようというのではない。

　「落下速度は高さだけで決まる」。これをその後の展開の前提として使っていってはどうか。そして，「$s \propto v^2$」法則を重視したい。これが可能となったのは〈命中式速度計〉を導入したからである。

　実は，このエネルギー論的考え方を前提に議論を展開した人がガリレオであった。彼の落下法則はエネルギー論的であったため，慣性の法則の発見を容易にした反面，円運動を慣性の法則とする誤りに陥っていた。図2−1のように地表は球（円）の一部であることから，ガリレ

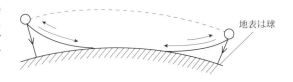

高さだけで速さは決まり，高さが同じなら速さも同じ。

図2−1　地表は球（円）の一部

オは慣性の法則が直線運動であることを見抜くことができなかった。

　また，エネルギー論的にとらえる落下法則は地動説に対する有力な武器であった。ガリレオやケプラーは，太陽から各惑星までの距離 $r$ と公転速度 $v$ の関係に大きな関心を持っていた。ガリレオは定性的にではあるが「遠い星ほど周期が長い（速さが遅い）」ことに注目した。すると，遠い星ほど静止に近づき，無限遠方ではついに止まってしまう。天が1日に1回転するという天動説はいかにも不合理である。さらにガリレオは，神が，あるとき静止した天よりそれぞれの惑星を太陽に向かって落とし，途中で円運動に向きを変えたとすれば，太陽に近い星ほど速さが速くなるはずだと想像している[3]。

　$s \propto v^2$ 法則は自動車の制動距離に関係づけると身近なものとなる。もし仮に2倍の速度になれば2倍すべって止まると思っている生徒がいたら車の運転はとてもさせられない。これを知らないと自分だけでなく人の身まで危険にさらされる。$s \propto v^2$ 法則はそういう法則なのである。若者の無謀運転が多いときだけに，特にこの法則を重視したい。

## 7　時間をひきのばす道具——斜面

　斜面は力を小さくする道具であり，時間をひきのばす道具でもある。ところが，この時間のことはあまり注目されてこなかった。ここでは，斜面が時間をひきのばす道具であることを明確に位置づけ，斜面を積極的に利用した。図2−2のような文字を使って式に表す。最下点での落下速度はどちらも同じ $v_0$（高さ同じ）で，平均の速さは $(1/2)v_0$ である。

$$\frac{s}{s'} = \frac{\left(\frac{1}{2}v_0 t\right)}{\left(\frac{1}{2}v_0 t'\right)} = \frac{t}{t'}$$

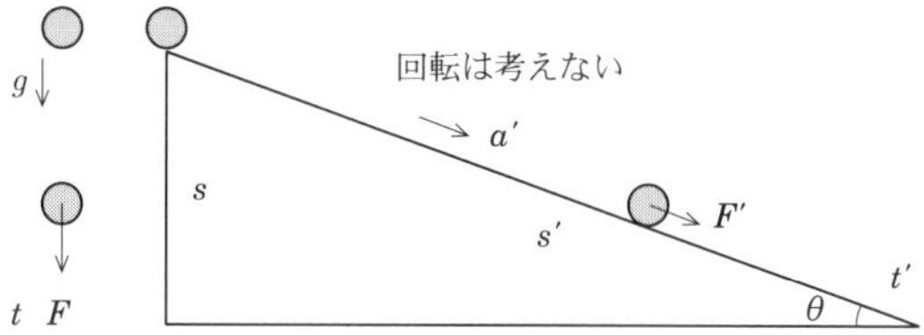

図2−2

$$\sin\theta = \frac{s(高さ)}{s'(斜面の長さ)} = \frac{t（自由落下時間）}{t'（斜面を下る時間）} = \frac{F'（重力の斜面成分）}{F（重力）}$$

　つまり，$Fs = F's'$，$Ft = Ft'$ である。

# 命中式速度計について

**斜面で球をころがし，1 m/sの速さを得るには，7 cmの高さが必要**

自由落下では，5 cm落ちると1 m/sになる。($v^2 = 2gs = 2 \times 10 \times 0.05 = 1$)

ところが，球が斜面をころがるときは一部が回転エネルギー $(1/2)I\omega^2$ として使われるので，1 m/sになるにはこの分だけ高くして落とす必要がある。ただし，球の慣性モーメント $I = (2/5)mr^2$，$v = r\omega$（$r$:球の半径）である。

この回転エネルギーを位置エネルギー $mgh$ に換算して高さ $h$ を求めると，

$mgh = (1/2)I\omega^2 = (1/2)(2/5)mr^2(v/r)^2 = (1/5)mv^2.$

$v = 1$ m/s, $g = 10$ m/s$^2$ を代入すると，$h = 2 \times 10^{-2}$ m $= 2$ cm.

つまり，斜面上で球の速さが1 m/sになるには，5 cm＋2 cm＝7 cmの高さが必要。

**命中式速度計**

ところで，1m/sで水平に飛び出した球は，

① 0.2 s 後には水平に20 cm進む間に，20 cm自由落下する。($s = 5t^2 = 0.2$ m)
② 0.3 s 後には水平に30 cm進む間に，45 cm自由落下する。($s = 5t^2 = 0.45$ m)

《命中式速度計》は，この位置にひもでビンのふたを吊るして，1 m/sで命中するかどうかで速さの大小を比べる。(参照p.63, p.86の結果を使う)

この速度計は水平に限らず斜めに球が飛びだしても速さを比較することができる。なぜなら，各時間の自由落下距離は水平の場合と同じだからである。

ここでは簡単な計算値を選んで比較したが，任意の速度の場合でも成り立つ。

ただ，球や標的が大きく，飛距離が短いときは，かなり誤差があっても命中する。特大ビー玉サイズでは，①②の誤差は1〜2割と考えられる。2倍（整数倍）程度の速度を比較する場合には，それほど精度を気にしなくてもよい。

注
1）ソ連の人工衛星打ち上げに，スプートニックショックを受けた米国では，1957年から大規模な物理教育改革運動（PSSC）が行われた。
2）板倉聖宣「授業書〈速さと距離と時間〉解説」『科学教育研究』No.6, 1971, 国土社
3）ガリレオ・ガリレイ，青木靖三訳『天文対話』（上），岩波文庫，p.50

## 2 落下法則

### 1 どちらが先に落ちる？　落下法則（1）

〈質問2－1〉

地上に降る雨は，大粒と小粒とではどちらが速いと思うか。

予想

（ア）大粒

（イ）小粒

（ウ）同じ

（エ）どちらともいえない

（ア）大粒。
同じ速さという生徒が多い。

〔問題2－1〕

（1）空気中で，ビー玉と小さく丸めた半紙を同じ高さ（1～2m）から，同時に落としたらどちらが先に地面に落ちると思うか。

予想

（ア）ビー玉の方がずっとはやく落ちる

（イ）ほとんど同じ（見分けられない）

（ウ）ビー玉の方が少しはやく落ちる（見分けがつく）

（2）4～5mの高さから落としたらどうなるだろうか。

予想を立てたら，討論をしてから，実験しよう。

1～2mの高さではほとんど見分けがつかない。（イ）
この結果に多くの生徒が驚く。4～5mでは（ウ）。
速さが小さいときには空気抵抗を無視できる。
教室程度の実験では，やたら空気抵抗を気にしなくてもよいことがわかる。

〈実験〉

真空実験器で実際に真空を作って，鉄片と羽毛を同じ高さ（1m程度）から同時に落としてみよう。ま

た，空気を入れて，その中で実験してみよう。

## 話2-1　落下法則（その1）

**質量に関係ない（すべてのものに成り立つ）法則——**
**空気はものの運動を妨げる**

　空気中でものを落とすと，確かに石ころより羽毛の方がずっとゆっくり落ちる。大粒の雨の方が霧雨より明らかに速く落ちる。こうした事実からアリストテレスは「重いものほど速く落ちる」と考えた。事実そうなるのだからこういってもよさそうにみえる。ところが，いくら事実が正しくてもその解釈が一般的に正しいとは限らない。

　図2-3（a）（b）（c）のようにして紙を落としてみよう。同じ重さでも形が違うだけで落ち方はまるっきり変ってしまう。これは空気がものの運動を妨げるからである。

　また半紙と本を図（d）のように置いて，落としてみよう。空気抵抗が一目瞭然となるに違いない。

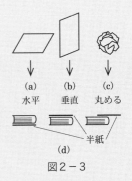

図2-3

**真空中ではすべてのものが同じように落ちる**

　それでは，空気をみんな取り去ったらどうだろうか。実際に真空を作って実験してみると，鉄片も羽毛もまったく同じように落下する。昔は，真空をつくることができなかったので，アリストテレスは，何もないものがあるなんて矛盾ではないかといって真空の存在を否定した。

　これにたいして，今から2千年以上も前の古代原子論者たちは理論的に真空の存在を主張していた。世界のあらゆる運動・変化する多様な現象を原子だけで説明するにはどうしても原子の動ける"すきま"が必要

本と同じ大きさの半紙を本の下，本の上，半分本の上において落としたときを比べてみるとよい。
生徒は本の上の半紙の運動に大変驚く。

真空はガリレオの弟子トリチェリーによって発見された。

古代原子論の主張
原子：不変　運動を妨げる
　　　〈物質不滅の思想〉
空虚：運動を保証　運動を
　　　妨げない
　　　〈運動不滅の思想〉

であった。"すきま"がないと原子は動けない。原子が動けなければものの変化は生じない。だからあらゆる物質は原子と空虚からなるというのである。そして，運動を妨げるものが原子であり，原子の運動をまったく妨げないものが空虚であった。妨げるものがなければ重さは関係しなかった。だから，すべての原子が空虚中では等しい速さでまっすぐ動く，というのである。

　ガリレオは，この原子論者たちの主張をずい分気に入っていた。ものが動けば，空気をつくっている原子（今日では分子）が次々に衝突して運動を妨げる。これが空気抵抗である。空気を取り除けば，妨げるものは何もない。すべてのものが同じ運動をする。落下する場合も，すべて同じ落ち方をするというのである。

空気抵抗が無視できない場合を取り上げ，「空気は運動の妨害者」であることをはっきりさせたい。

　空気中を動くとき，速く動けばそれだけ原子の衝突も激しくなる。遅ければ原子の衝突の影響もほとんど無視できる。軽いものならそれだけ衝突の効果も大きい。このように，真空を実際作ることはできなくても，原子論的に考えると空気抵抗はきわめて自然に理解できる。

## 原子にも月にも成り立つ落下法則

　「真空中ではものの落下は重さに関係しない」。原子のように小さなものでも，月のように大きなものでも，真空中でありさえすれば，石ころとまったく同じように落下する。落下法則はどんな重さのものでもすべてのものに成り立つ普遍法則である。ガリレオよりずっと後になって，アインシュタインは「落下法則は例外なくすべてのものに成り立つ法則である」ことを

前提にして，一般相対性理論をつくったことをつけ加えておこう。

## 2　速さのはかり方

　速さを比べるには，いろいろな方法がある。

① 100 m競走やマラソンなどのレース：距離$s$を決めて，要した時間$t$の大きさで遅さを比べる。

$t/s$で遅さを比べる（$t$の小さい方が速い）

② 記録タイマーとかストロボ写真など：時間$t$を決めて，進んだ距離$s$の大きさで速さを比べる。

$s/t$で速さを比べる

　けれども，①②の方法では途中のことはまったくわからない。……平均の速さ

③ 乗り物などの速度計：……瞬間の速さ

④〈命中式速度計〉：

　図2－4のような方法で速さを比べることもできる。「速さが2倍になれば水平に飛ぶ距離も2倍になる」ということがわかっている。だから，水平に飛んだ距離を比べれば速さが何倍になるかを簡単に調べることができる。

　標的に当てて比べることにするので，命中式速度計と呼ぼう。この方法を使えば，わざわざストロボとかタイマーなどを使わなくても，速さを比べられるので，ずい分便利である。

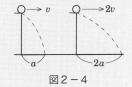

図2－4

$2v$のとき，$2a$は自明でないという意見もあるだろうが，生徒は少しも変に思わない。疑問をもつ生徒がいたら，「水平にボールを2倍の速さで投げたら2倍飛ぶだろう。あれだよ。詳しくは後で学ぶ」といっておく程度でよい。

（1）の予想では（イ）と（ウ）が多く，（ア）は少ない。（ウ）のおもな意見は「急加速」，（ア）は加速する距離が長いからという生徒もいる。

　実験では，多少誤差があっても，いずれの場合も標的にあたる（イ）。

　標的はいい音が出るものがよい。実験で"パチン"と音を立ててあたると歓声が上がる。

〔問題2−2〕

　図2−5のように同じ高さから異なる斜面A，Bにそって同じ球を落とす。P点ではどちらの速さが大きいか。

予想

（ア）$v_A > v_B$

（イ）$v_A = v_B$

（ウ）$v_A < v_B$

　予想を立てたら，どうしてそう思うか，討論をしてから，〈命中式速度計〉で確かめよう。

(1)
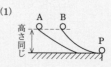

(2)
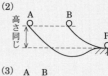

(3)
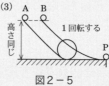

図2−5

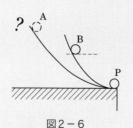

図2−6

命中式速度計
ものさしを2倍突き出して，標的に当たればよい
4倍

1.4倍

9倍

〔問題2−3〕

（1）図2−6のP点で，Bの高さから落とした速さの2倍にするには，Aの位置はBの何倍の高さから落とせばよいか。

予想

（ア）2倍　　（イ）4倍

（ウ）$\sqrt{2}$倍　　（エ）その他

（オ）これだけではわからない

（2）2倍の高さから落としたら，速さは何倍か？
　予想を立てたら討論をして，命中式速度計で実験しよう。

（3）3倍の速さにするには何倍の高さから落とせばいいか？実験をしなくても予想を立てよう。

　問題2−2の実験は

（1）はじめ，Bの位置から落としてフタに当たるこ

〈実験の方法〉

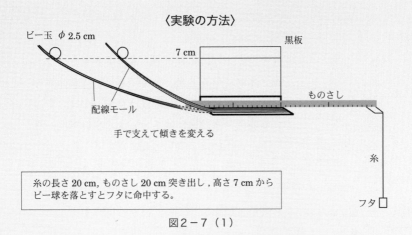

糸の長さ 20 cm, ものさし 20 cm 突き出し, 高さ 7 cm から
ビー球を落とすとフタに命中する。

図2-7（1）

とを確かめ, その後Aの位置から落とす。フタに当
たれば $v_A = v_B$, フタを飛び越えれば $v_A > v_B$, フタ
の手前を通過すれば $v_A < v_B$。

（2）手でモールを少し下に反らせて同じ高さから落とす。

（3）の実験は〔問題2-3〕の実験のあと, 4倍の
　　高さ（28 cm）で行う。

高さは上下に1cm程度ず
れても高さが同じなら命中
する。

〈作り方〉

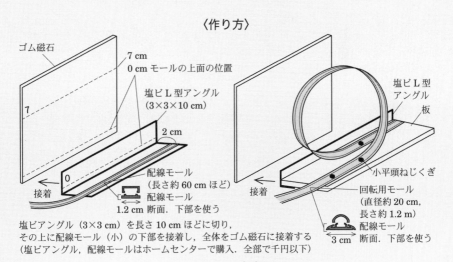

塩ビアングル（3×3）を長さ 10 cm ほどに切り,
その上に配線モール（小）の下部を接着し, 全体をゴム磁石に接着する
（塩ビアングル, 配線モールはホームセンターで購入. 全部で千円以下）

図2-7（2）

〈質問2−2〉

速さを調べる方法をいろいろ調べてみよう。

記録タイマーやストロボ装置があったら試してみよう。自動車や飛行機の速度計はどうやって速さをはかっているのだろう。他に速さをはかる良い方法はないだろうか。いろいろ工夫してみよう。

〈質問2−3〉

ある人が車を運転していて白バイにつかまった。

警察官「時速70 km。スピード違反だ」

運転手「そんなはずないですよ。出発してからまだ7分しか走っていないですよ。1時間も走っていないのに，70 kmも走れるわけがないでしょう?」

さて，これはどこがおかしいか。ここでいう時速とかスピードとかは何を意味するのだろう。

距離や時間などとは独立に速度概念があることを示す好例
『ファインマン物理学Ⅰ』より

## ┃ 話2−2　速さの単位の話

時速36 km（36 km/hとかく）というのは，その速さで1時間（1h）走りつづけると36 kmすすむことができるような速さのことである。36 km/hというのは瞬間の速さを，1時間をもとに表しただけだから，何も実際に1時間走る必要はない。だからこの速さを，1秒（1s）をもとに表してもよいし，どんなに小さな時間走っても36 km/hなのである。ある速さ$v$で進む距離$s$を計算するには，かかった時間を$t$として，次の式を使えばよい。

$$v \times t = s$$

速さと時間のグラフは図2−8のようになり，縦線部の面積が進んだ距離を表す。

速さの単位をいちいちkm/hとかm/sなどと書くの

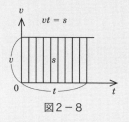

図2−8

は，単位をつけたまま計算できるようにしてあるから
で，面倒なようだが大変便利なことが多い。たとえ
ば，時速36 kmの速さで30分（0.5 h）走ったとき，
単位をつけたまま上の式に代入すると，

$$36 \text{ km/h} \times 0.5 \text{ h} = 18 \text{ km}$$

このように記号1/hとhが消しあい，ちゃんとkmと
いう単位がついててくる。単位がついていると時速
を簡単に秒速に直すこともできる。

$$36 \text{ km/h} = \frac{36 \times 1 \text{ km}}{1 \text{ h}} = \frac{36 \times 1000 \text{ m}}{3600 \text{ s}} = \frac{10 \text{ m}}{1 \text{ s}} = 10 \text{ m/s}$$

## ③ 平均の速さと時間と距離

〔問題2－4〕

ひかり号が名古屋を発車して，東京に着くまでその
速度計を見て1分ごとに記録したら，図2－9のよう
になった。この列車が2時間に走った距離はどのくら
いか。およその距離を求めてみよう。

仮説実験授業「授業書」
〈速さと距離と時間〉より

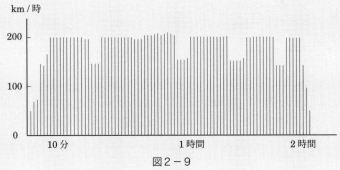

図2－9

予想　（　　　）kmぐらい

（ヒント　ずっと200 km/h，ずっと170 km/hだった
らどれだけ走るか）

〈検証〉　JRの資料によると，新幹線の東京・名古屋
間の距離は（　　　）kmである。

JR営業キロは366 kmだが，
実距離は342 km

予想はだいたいあたっていたか。

### 話2-3　速さが変わるときの進んだ距離の求め方

　自動車など乗り物の速さはいつも少しずつ変わっているのが普通である。速さが変わるものの，ある時間 $t$ に動く距離 $s$ は，その間の平均の速さ $\bar{v}$ がわかれば

$$\bar{v} \times t = s$$

で，簡単に計算できる。

　平均の速さは，図2-10では□0XYAの面積と，縦線部の面積が等しくなるようにXYの線を引けばよい。

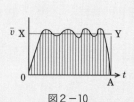

図2-10

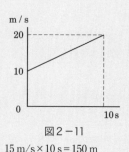

図2-11

15 m/s×10 s＝150 m

36 km/h×4 s ＝ 10 m/s×
4 s ＝ 40 m

この問題は，落下法則を検証するときのポイントとなる問題。移動距離は面積を比較して 1，4，9，16の位置に作図できればよい。

〔練習問題2-1〕

　左図のように速さが増えるとき，10 s間の移動距離はいくらか。

〔練習問題2-2〕

　72 km/hで走っていた自動車が，急ブレーキをかけたら，4 sで停止した。どれだけの距離すべって止まるか。ただし，減速の割合は一定とする。

〔問題2-5〕

　右上のグラフのように速さがふえるとき，動きはじめてから1，2，3，4秒後の速さ $v$ と移動する距離 $s$ は，最初の1秒間の何倍となっているか。○と□をうめよ。

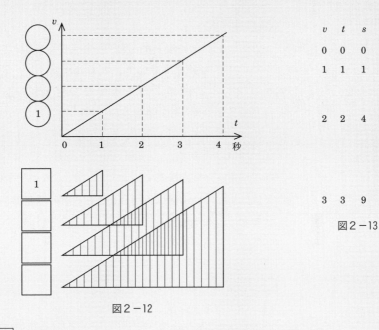

図2-13

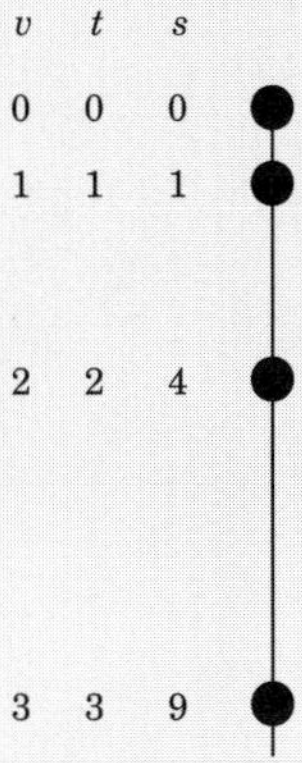

図2-12

## 4　落下法則（2）

〔問題2-6〕

　ゆるい斜面の上で特大ビー玉または鉄球を静かに落とす。速さはどのようにふえると思うか。

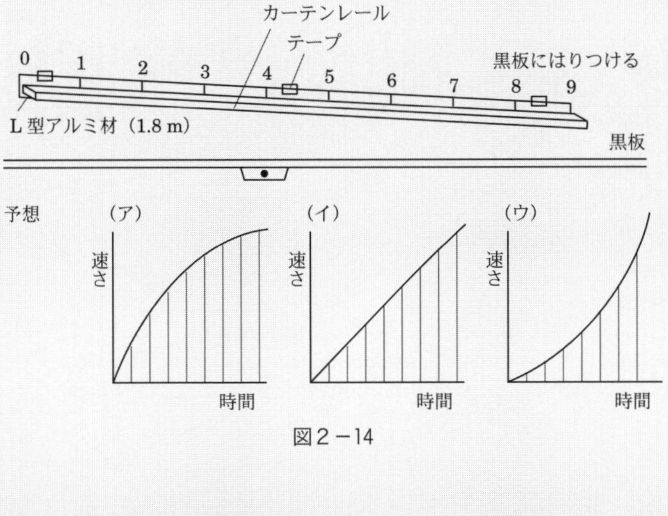

ビースピの活用も：平板の斜面上にモールを敷けば，直接速さが測れる（市販のビースピは3〜4千円）。〈1〉，〈4〉，〈9〉の位置にビースピを置いて速さを比較すると，速さは1，2，3倍と増えていく。

　もちろん，〈1〉，〈4〉，〈9〉，…上の時間間隔も測定でき，有効な一つの方法である。

　ただ，デモ実験には工夫が必要。（イ）

図2-14

〈実験の方法〉

　カーテンレールを1.8 mほどのまっすぐなL型アルミ材の上にのせ，黒板にテープではりつける。全長を 9 等分し，図のような番号をつける。斜面は1/100ほどのゆるい傾きにする。

　まず，拍手で一定の時間差を決める練習をする。〈0〉の位置から落とした球が〈1〉を通過して〈4〉を通過する一定時間間隔で拍手を続ける。そして，拍手を続けてしている間に，同じ大きさの別の球を拍手に合わせて，次々と〈0〉から落とす。

　落とした球が拍手のたびに

〈1〉，〈4〉，〈9〉上を通過すれば（イ），

〈4〉，〈9〉の手前を通過するなら（ア），

〈4〉〈9〉を通り過ぎているなら（ウ）

が正しいことになる。

　斜面の傾きを少し大きくして実験してみよう。

$\phi$2.5 cmほどのビー玉，鉄球がよい

傾きは 1 /100～ 1 /20の傾きがよい。1 /100以下だとうまくころがらないときがある。1 /20以上の傾きになると，手で次々と落とすのがむずかしくなる。

実験すると，ほぼ〈1〉〈4〉〈9〉上を通過することがわかる。

斜めに飛び出しても，飛ぶ距離が2倍になれば速さは2倍になる

〔問題2－7〕

（1）傾きのゆるい斜面で位置〈1〉から球を落とすとフタXに当たるようにセットする。2倍の速さで飛び出す（2倍突き出したフタYに当たる）ようにするには，どこから落とせばよいか。

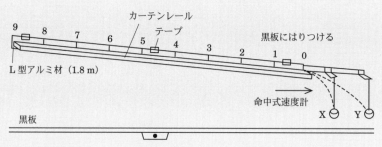

図2－15

予想

（ア）位 置〈2〉（イ）位 置〈4〉（ウ）位 置〈1.4〉
（エ）その他

　予想の位置から球を落とし，あたるかどうか確かめ
よう。

（2）位置〈1〉から落としたときの3倍の速さにする
にはどこから落とせばよいか。

（3）位置〈2〉から落としたときの2倍の速さにする
にはどこから落とせばよいか。

（4）傾きを少し変えて，（1）から（3）の実験をし
てみよう。

実験例

フタのひもの長さを45 cm
とする。

〈4〉の位置の高さを〈0〉
の高さより7 cm高くする
と，ものさしの長さ30 cm
で命中する（Y）。〈1〉の
位置から落とすと15 cm
（X）で，9の位置で落と
すと45 cmで命中する。

（1）（イ）
（2）位置〈9〉
（3）位置〈8〉

## 話2−4　落下法則　（その2）

### 斜面上の落下──等加速度運動

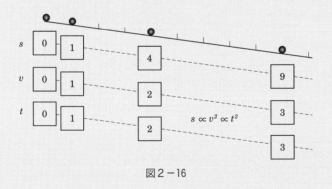

図2−16

　球が斜面上を落下するとき，その傾きによらず，落
下時間 $t$，落下の速さ $v$，落下距離 $s$ とのあいだには
上のような関係がある。つまり，

　「$v$ と $t$ は比例し $s$ は $v^2$ または $t^2$ に比例する」

　これを，式に表しておこう。〔問題2−6〕から

$$v = at \qquad\qquad ①$$

と書ける。比例定数 $a$ は速さのふえる割合で，加速度

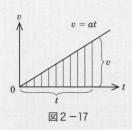

図2−17

初速度があるとき

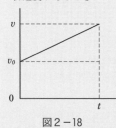

図2−18

初速度$v_0$の等加速度$(a)$
運動

$$v = v_0 + at \quad ①'$$
$$s = v_0t + \left(\frac{1}{2}\right)at^2 \quad ②'$$

①'より $t = \left(\dfrac{v - v_0}{a}\right)$

だから

$$s = \left(\frac{v + v_0}{2}\right)t$$
$$= \left(\frac{v + v_0}{2}\right)\left(\frac{v - v_0}{a}\right)$$
$$= \frac{v^2 - v_0^2}{2a} \quad ③'$$

という。$a = v/t$ から，図2−17のグラフの傾きが加速度である。加速度の単位は $[\mathrm{m/s^2}]$ で表すことができる。落下距離 $s$ は，縦線部の面積を求めればよいから，

$$s = \frac{1}{2}(v \cdot t) \quad \begin{array}{l} v = at \;\rightarrow\; s = \dfrac{1}{2}at^2 \quad ② \\[2mm] t = \dfrac{v}{a} \;\rightarrow\; s = \dfrac{v^2}{2a} \quad ③ \end{array}$$

$$v = at \qquad s = \frac{1}{2}at^2 \qquad s = \frac{v^2}{2a}$$

　この法則は，斜面上の落下に限らず，等加速度運動であれば，自動車でも電車でも何にでも成り立つ。

### 斜面から自由落下へ

　次の図の□をうめよう。ガリレオは，Aのような自由落下を，斜面BCDの特殊な場合と考えた。高さが同じところは，速さも同じである。だから斜面上の落下は，自由落下と同じ法則にしたがい，ただ時間がひきのばされるにすぎない（$a$ の値が変わるだけ）。

　自由落下の加速度は測定によれば，質量によらず，地上ではほぼ $9.8\,\mathrm{m/s^2} = $ 一定であることがわかっており，特別に重力加速度といって記号 $g$ で表すことが多い。

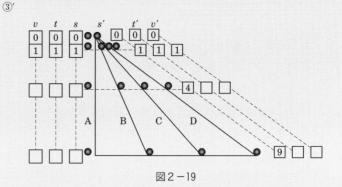

図2−19

$$g = 9.8 \, \text{m/s}^2$$

すると，落下法側は

$$v = gt \qquad\qquad ④$$

$$s = \frac{1}{2}gt^2 \qquad\qquad ⑤$$

$$v^2 = 2gs \qquad\qquad ⑥$$

　重力加速度をおよそ $g \fallingdotseq 10 \, \text{m/s}^2$ と考えてもそれほど大きな誤差は生じないので，0.1秒刻みの速さ，落下距離を計算すると図2-20のような簡単な結果が得られる。

　0.1秒刻みの落下距離は 5, 20, 45, 80, 125 cm，…つまり 1, 4, 9, 16倍，…と増加し，落下速度は 1, 2, 3 m/s，…と増加していく様子がわかる。1秒間の落下距離は 5 m，落下速度は10 m/sとなり，これらのおよその値を覚えておくと大変便利なことが多い。

| 時間<br>(s) | 速さ<br>(m/s) | 距離<br>(m) | 距離<br>の比 |
|---|---|---|---|
| 0 | 0 | 0 | 0 |
| 0.1 | 1 | 0.05 | 1 |
| 0.2 | 2 | 0.20 | 4 |
| 0.3 | 3 | 0.45 | 9 |
| 0.4 | 4 | 0.80 | 16 |
| 0.5 | 5 | 1.25 | 25 |
| 1.0 | 10 | 5.00 | 100 |

図2-20

## 斜面は時間ひきのばし器

　ガリレオは，機械や道具の研究をするなかで，斜面を使うと小さな力でものが動かせるが，それだけ距離で損するという，有名な仕事の原理を発見した。このとき，距離だけでなく時間も損するのである。斜面は力を小さくする道具でもあるが，時間をひきのばす道具でもある。ガリレオは落下運動の研究にこれを最大限利用した。高さ $s$，長さ $s'$ の斜面を考える（図2-21）。自由落下する時間 $t$，斜面 $s'$ を落ちる時間 $t'$ とする。「落下した高さが同じなら，速さは同じである」。

$$v_B = v_C = v_0$$

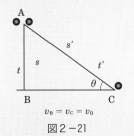

$$v_B = v_C = v_0$$

図2-21

このことを前提とすると，

$$\frac{s}{s'} = \frac{\left(\frac{1}{2}v_0 t\right)}{\left(\frac{1}{2}v_0 t'\right)} = \frac{t}{t'}$$

たとえば，傾き $\sin\theta = 1/10$ にとると，自由落下に比べて時間も落下距離も10倍となる。つまり，0.1 s間，0.2 s間の自由落下距離5 cm，20 cmは，斜面では10倍に拡大され，1 s間に50 cm，2 s間に2 m落ちることになり，まさつや回転がない運動では，ストップウォッチで十分測定することができる。次の〈参考実験〉でストップウォッチを使って時間を測定してみよう。

### 〈参考実験〉

斜面上，球をころがせば回転があるので時間が余分にかかるが，エアトラック（菱形をしたまっすぐな筒の最上点にあるたくさんの小穴から噴き出す空気に浮遊する滑走体の運動を調べる実験装置）を使えば回転がないし，摩擦も無視できる。

傾き $\sin\theta = 1/10$ のエアトラック上では，本当に50 cm，2 m落ちるのに，1 s，2 sとなるだろうか。

実験で確かめてみよう。

### 〈質問2−4〉

時速80 kmで走っていた自動車が急ブレーキをかけたとき，時速40 kmのときに比べてほぼ，何倍すべって止まるか。ブレーキの強さは同じようにかけたとする。

予想

（ウ）

（ア）$\sqrt{2}$ 倍　（イ）2倍　（ウ）4倍　（エ）その他

## 話2−5　ガリレオもまちがえた落下法則

　ちょっと考えると，落下の速さは落下距離に比例して大きくなるように思える。ところが，実際は，速さが2倍になるには4倍も落下しなければならない。速さが3倍になるには9倍も落下しなければならない。

　落下法則を最初に発見したのはガリレオであったが，彼もはじめの頃は，速さは落下距離に比例するとまちがって考えていた。ガリレオにとっても速さの2乗が落下距離に比例するという法則は，大変理解しにくかったようである。彼はこの誤りを自分で発見した。この法則は，日常生活のなかにも見られる法則である。たとえば，止まっていた自動車が一様に加速していくとき，2倍の速さになるには，4倍の距離を加速しつづけなければならない。逆に，80 km/hの自動車が急ブレーキをふんだときは，40 km/hの場合の4倍も遠くへすべって止まることになる。つまり，自動車など乗り物の制動距離は，速さの2乗に比例するわけである。もし，速さが2倍になると，2倍の距離をすべって止まると思っている人がいたとしたら，大変危険である。

　物理法則を無視した行動は，人間の生命・安全に直接かかわってくる。車は急に止まれない。このように適当な車間距離をとることはどうしても必要なことがわかる。

# 3章

# 慣性の法則・相対性原理
# 放物運動

## 動いていてもそれを感じない世界の発見

---

## 1 ねらいと解説

### 1 "前向きの力"をなぜ書くのか——生徒の判断基準の分析

　すでに見てきたように，かなり多くの生徒は等速度運動をする物体に前向きの力を書く。彼らは何を判断の基準としてこのような力を書くのだろうか。実は，彼らなりのはっきりした理由がある。繰り返しになるが，彼らの発言を整理してみると，その理由はおよそ次のようになる。

（ⅰ）「運動と静止はもともと違うもの」であり，「その区別は見ただけですぐわかる」。こうした考えは彼らにとって動かしがたい確信となっている。彼らはこの考えを前提として，すべての力学現象を判断しようとする。

（ⅱ）「何もしなければ止まったまま，これが本来の姿だ」（静止の自然観）。
　静止が本来の姿であり，動いているものは摩擦がなくても自然に止まってしまう。だから動き続けるためには絶えず力を加え続ける必要がある。

（ⅲ）「運動するものには，何か運動の理由があるはずだ」。そこで彼らはその理由を，自分の経験の中に求める。「何もせずにはじめから動いているものなどどこにもない。自動車だって，たとえ等速度で走っていても，ガソリンを使う」「だから動き続けるためには力が必要だ」と。

　つまり，彼らは現在の運動を，運動を始める前の原因にさかのぼって判断しようとする。確かに静止から動き出すには力が必要である。しかし，この考えが拡大されて，等速度運動をしているときにも使われてしまうのである。だから，は

じめに加えた力がそのまま働いていたり，"こめられた力" "運動する力" "勢い"になったりするわけである。

このように，彼らの誤りにははっきりとした法則性が存在する。

## 2 相対性原理を前提に

このような生徒の判断基準にたいして，ガリレオの相対性原理を事実上の前提とした導入をはかると大変わかりやすい授業展開ができる。私はこのことを1970年台から主張し実践してきた[1][2][3]。幸い仮説実験授業「力と運動」授業書[4]にそのことが大変うまく活かされ，こういう導入の有効性は検証されつつあるように思う。

〔問題3－1〕(p.75) のように，等速度で走る乗り物の上でボールを落としたり，打ち上げたりする実験では，まったく力を加えていないのに，ボールは前へ動き続ける。ここでは「何もせずにはじめから動いている状態」，まさに「自然に動いている状態」が実現しているのである。この事実を前にして「静止か，運動か」で判断する彼らの考えはまったく通用しなくなってしまう。

このように，相対性原理を事実上の前提として導入すると，明らかに生徒の経験や感覚と矛盾を引き起こし，彼らの判断は変更を迫られることになる。しかし，これが疑いようのない事実としてある以上，いくら"不思議"であっても，これを認めざるをえない。

実は，この問題は列車や船，飛行機の中の出来事と同じであることがわかる。私たちは大地が動いていてもその動きを感じとれない。これは不思議だともとれるが，もっと積極的にいえば，相対性原理は動きを感じることを禁止する法則なのである。

以上の点をふまえ，相対性原理をとりあげる基本的意義をまとめておくと，

① 静止の自然観・自己中心的自然観を打ち破る。

② 感覚や経験だけにたよれない，理性的・法則的認識こそ信頼に値することを示す典型である。

③ ニュートン力学のかなめの一つとなる原理である。

④ すべての自然法則に普遍化されたアインシュタインの相対性理論に直接つながるという点で，さらに，物理法則の対称性（運動量保存と空間の一様性，

エネルギー保存と時間の一様性など）という現代物理に直接つながるという点でも，きわめて現代的意義を持っている。

〔問題3-1〕のような問題は，小中学生でも電車などの乗り物のなかでいつも経験しているあたりまえのことであるが，ちょっと考えただけだと「ちょっと待てよ，本当はどっちかなあ」と，戸惑い議論してみたくなる問題である。高校生でもボールが自転車と一緒に走っているとはなかなか思えないらしい。このように日常経験に依拠すると，面白く，やさしい導入ができる。ところが，これほど大切で，面白くかつやさしく導入ができる相対性原理が，不思議なことに高校の教科書ではほとんど出てこない。大学になって初めて登場する。大学の教科書には普通次のように書かれている。

（ア）ガリレイ変換において力学法則は不変である

（イ）ニュートン力学の成立する座標系はすべて力学的に等価である

（ア）は物理法則の対称性を念頭においた表現，（イ）はニュートン力学の成立条件としての慣性系（4を参照）を念頭においた表現である。この表現を文字通りうけとると，相対性原理はニュートン力学を学んでからでないと教えられないことになってしまう。高校で取り上げられないのは，多分こういう理由だろう。

むしろ，初歩の段階では，このように何もわざわざ難しく教える必要はない。

（ウ）等速度運動しているものの上では，静止のときとくらべて何一つ力学的違いが見つからない。（静止と等速度は力学的に同じである）

こういう表し方なら，ニュートン力学をまだ習っていない段階でも，事実として承認できる典型的実験のいくつかから，「何一つ力学的違いが見つからない」と飛躍することはそれほど難しくはない。問題はいかに典型的事実を示すかにかかっている。

## 3　感動的な実験を

この原理は電車の中の例を出せば，日常的に当たり前のことなので，話をするだけで生徒は「何だ，そんなことあたりまえだ」と簡単にわかった気持になってしまう。ところが少し場面を変えると少しも簡単にならない。だから，ここではしっかり討論して実験を行いたい。当たり前だからといって，実験を省略したりしないことである。実験を示して，このように実験事実だからどうしようもない

というところから出発したい。

　電車の中では当たり前すぎる。第一，授業中に実験ができない。それに電車の中だと，物を落としても「空気とともにまるごと運ばれる」と考える生徒もでてきて，常識的自然観と少しも衝突せずに正解が得られる。その点，〔問題３－１〕（1）のように自転車を利用すれば，状況は変わる。この実験は青空教室での実験でもあり，単純なわりに意外と効果的である。卒業生から時々この実験の思い出の手紙が来たり，会うと必ずこの実験のことが話題となるのは，この実験の印象深さを物語っている。

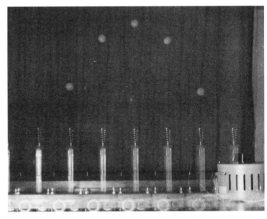

図３－１　慣性打ち上げ台車のストロボ写真

　〔問題３－１〕（2）の等速度で走る車からの球の打ち上げ実験も感動的である。スポッと元の位置に球が入ると一斉に歓声とどよめきが上がる（図３－１）。

　車で走りながらバレーボールを打ち上げる実験[5]をはじめ，〔問題３－５〕（p. 85）では命中速度計の発展として命中方式を取入れた放物運動の検証実験，〔問題３－６〕（p.87）では力学的メカだけで簡単に製作できるモンキーハンティング，ミニモンキーの実験などを工夫して使っている。厚手の平らな板を斜面として使うと３次元の運動が２次元の平面上の運動に限定されるので，実験がずいぶん簡単にできるようになった。しかも斜面を使って運動をスローモーションにできるメリットは大変大きい。これらの実験はどれも評判がよい。

## 4　運動の相対性と相対性原理

　運動の相対性と相対性原理は，言葉は似ているが重要な違いに注意を要する。相対性とは，相手に関連させて初めて自分の性質が決まるということであり，物体の位置や運動は相手（座標系）を設定して初めて意味をもつ。これはあらゆる運動にあてはまる。それに対して，相対性原理では相対的運動の中でも力学法則

が不変となるような系と系の関係に限られ，その系は互いに等速度運動という条件に狭く限られる（慣性系）。そのかわり，この系は運動学的だけでなく力学的にも相対的である（優劣がつけられない）。だからこの原理は単なる運動学と違って力学的原理なのである。

　相対的見方は，自己中心的見方に陥りやすい中で，あらゆるものごとを固定化，絶対化することを防ぐ。視点を変えるということ，これは簡単なようでなかなかできない。それだけにこの見方は大切である。しかし，ここでは，運動の相対性よりも，相対性原理にポイントがおいてある。これは見方を変えても変わらない法則があるということをしっかり押さえておきたいからである。

## 5　慣性の法則と相対性原理

　相対性原理は力学法則が不変となるような座標系どうしの関係（互いに等速直線運動）に着目したものである。これに対して，慣性の法則はこれらのある等速直線運動をする系から特定のある物体に着目したとき，その物体もまた等速直線運動をするという法則（ニュートンの運動の第1法則）である。だから目のつけどころの違いだといってもよいだろう。この座標系が慣性系と呼ばれるのはこのためである。ニュートンの運動法則（第2法則）は基準となる座標系（慣性系）から特定の物体に着目したときのその物体に関する法則である。だから非慣性系からみればニュートンの運動法則は崩れ去る。つまり慣性の法則はニュートン力学の成立条件を与えているのである。慣性の法則は運動の第1法則として独立した法則である。第2法則の特殊な場合にも成り立つから，第1法則は不要だとして片付けられないのはこのためである。もちろん慣性の法則や慣性の概念が一切ものの量的関係を問わない法則であることもつけ加えておく必要があるだろう。

## 6　慣性の法則を $ma = F$ の特殊法則としてみると

　慣性の法則は「$F = 0$ なら，$a = 0$，つまり等速直線運動をする」という法則（第1法則）である。ニュートンの第2法則 $ma = F$ に，$F = 0$ を代入すれば，$m$ の大きさに関係なく，$a = 0$ が導かれるので，慣性の法則は第2法則の特別な場合とみることができる。これはどのような意味を持っているのだろうか。

　$a = F/m$ とすれば，$a$ を決めるものは $F$ と $m$ であり，運動はこれらの2つの

量のかねあいで決まる（「5章　力と質量と運動」参照）。

　$F$：外力の合力　　速度変化をひきおこす … 外から受ける量

　$m$：慣性質量　　　速度変化に逆らう　　… 物のもつ量

　ここで注意を要するのは，慣性質量は外力が働くときに限ってその量が問題になるということである。慣性質量は速度変化に逆らう限りにおいて登場する量である。$F=0$ のもとでは慣性質量の定義ができない。しかし定義ができないからといって慣性質量がなくなることはありえないし，速度を一定に保つという性質がなくなるわけではない。力が働いていようがいまいが，この性質は一貫して変わらない。

　$F=0$ の条件のもとでは，慣性質量の"量"が問題にならなくなっただけのことで，慣性質量の"質"，つまり「速度を一定に保つ」という性質まではなくならない。速度変化に逆らう必要がなくなり，物のもつ本来的性質が実現しているだけのことである。慣性とは慣性質量の量を問題とせず，質のみを問題とするときだけ用いる言葉だともいえる。

　このように，慣性の法則は第2法則の特殊な場合としてみると，単に「$F=0$ なら等速直線運動をする」ということだけに留まらず，物の属性"慣性"に関する法則であると位置づけることができる。

　初歩の段階では，慣性の法則は，次のように原子論的導入をすれば，きわめて直観的でわかりやすく，すなおに理解することができる。「すべてのものに慣性がある」，つまり「運動の状態をそのまま保ち変えようとしない性質は，物（原子）のもつ性質である」。だから，「力が働かなければ物体は本来の性質"慣性"で等速直線運動を続ける」といって何らかまわない。

　等速度運動している物体には前向きの力はいらないと習っても，「だって，ふつうの力とは違うにしても"動力"とか"慣性力"とか"動きつづける力"というものがあるでしょう？」と生徒はいう。実際は「力」でなく，$m$ ないし，$mv$，$(1/2)mv^2$ に相当する，もののもつ量を頭に思い描くのだが，それを表す適当な言葉がない。そこでこれを"力"と表現しようとするにすぎない。「力を取り去っても等速度運動を続けるのは，物には慣性があるからだ（または運動量，ないしは運動エネルギーをもっているからだ），それを力とはいわないのだ」と教えられれば納得できるところを，何も教えてくれなければ常識的に"力"というしか

ない。その点で，生徒は素朴だが健全な実体概念を持っている。ただ生徒の持つ素朴な概念を正当に科学的に位置づけていないだけである。

## 7　放物運動と運動の合成・分解——法則の存在感と法則に対する信頼感の確立

　この授業の特徴は，放物運動の実験〔問題3−5〕を通して，自動的に運動の合成・分解ができるように心がけたことである。$v = v_0 + at$ という式で $v_0$ と $at$ が，どうしてたし算になるのか戸惑う生徒がいる。この式は，初速度 $v_0$ の慣性運動（等速直線運動）に等加速度運動 $at$ がつけ加わるというものだが，「事実こうなるではないか」と実験的に示せないと，生徒の疑問に答えることができない。だから，ここで一気に法則の存在感と法則に対する信頼感を確立したい。特に〔問題3−5〕，〔問題3−6〕の実験で，どう飛ばしても100発100中ということが示されれば，"法則はずい分正確に成り立つものだ"と法則に対する信頼感はぐっと増すことになる。運動の合成・分解は事実としてできるのであり，教師の勝手な解釈ではないということをはっきりさせたい。

　運動の独立性は大学生には自明でも高校生にはそうではない。

　モンキーハンティングの〔問題3−6〕では，調査によれば必ず命中するという高校生はせいぜい1割程度，打ち出す条件によるという意見がかなり多い。だからどう打っても100発100中になるという実験は，実に驚きで感動的である。この実験は，ほぼ100発100中でないと効果が薄れる。

　この問題は，慣性運動（水平方向に限らずどちら向きでもよく，等速直線運動，これを満たす空間は一様な空間であり，慣性空間とよばれる）と重力方向への等加速度運動の互いに独立な運動の合成によって放物運動ができあがることを示している。これは向きを変える力と慣性運動の直線性との関係で再び取り上げる。

　この授業では放物運動の式を導くのに，水平→斜め投げ上げという2次元の運動をやってから，鉛直方向の1次元の運動を扱っている。そしてその後，一般の等加速度運動を導く。

　2次元の方が慣性運動と等加速度運動の合成がわかりやすい。こうすれば，1次元の直線運動の場合でも慣性運動に等加速度運動がつけ加わるという実験的な根拠が得られる。

## 8　慣性質量の導入

　〔問題3－1〕を討論すると，「車の窓からアメ玉の皮を外へ捨てたら後へ飛んでいった」という経験事実がよく引き合いに出される。アメ玉の皮は，「軽くてヒラヒラ飛ぶ」からソフトボールとは違って例外となる。軽いものに慣性があるとは思えないからである。

　こうした考えにたいして，〔問題3－4〕（p.83）と〔研究問題〕（p.84）をつくった。ソフトボールとチリ紙の運動に違いが生じるのは，空気抵抗があるため。運動を妨げる力 $F$ が働けば，当然質量 $m$ の大小が運動 $a$ に影響を与える。$ma = F$ をまだ習っていない段階でも，空気抵抗のある中で質量の違いに注目させ，慣性質量の導入を図る。

　慣性質量の概念は本格的には $ma = F$ を習う時点で完成させたい。

　このように意識的に空気抵抗中の運動を取り上げることで，慣性の法則は空気の妨害など力が働かなければ質量の大小はまったく関係のない法則であることがいっそう浮きぼりになる。

　〔研究問題〕では，「後ろへヒラヒラと飛ぶ」ことが人命にかかわる重大な社会問題に発展する例として，1966年に起きた全日空羽田沖墜落事故を取り上げた。

　これはNHK TVで「現代の映像」[6]にも取り上げられ『科学朝日』にも山名正夫氏が「ロングベースナウ」という詳細なレポートを発表している[7]。

　航空学の権威といわれる東京大学名誉教授のK氏が大変軽いエンジンの覆いが「海水に接するときのあおりをくらって後へヒラヒラと飛んだ」と国会で証言したことにたいして，果たしてそれが物理的に成り立つかどうかという点に焦点が絞られている。

　慣性の法則という基本法則を通して，このような社会問題にも一定の判断ができるような力をつけたい，そんな意味もこめて作った問題である。

注
1）飯田洋治「力と運動をむすぶもの——物の慣性」『理科教室』, 国土社, 1971.8-12
2）川勝博・三井伸雄・飯田洋治『学ぶ側からみた力学の再構成』, 新生出版, 1992
3）飯田洋治「こうすればもっとわかる運動の法則」『パリティ』vol.19, No.07, 2004.7, 丸善
4）板倉聖宣「力と運動」の授業書「科学教育研究」No.6, 1971.10, 国土社
5）飯田「慣性打ち上げ台車」『いきいき物理わくわく実験1（改訂版）』日本評論社, 2002, p.35。その後,

　自動車のチューブ3つと掃除機で人が乗れるホバークラフトを簡単に自作して,その上で打ち上げ実験をしている

6）NHK TV現代の映像「全日空機事故」,1971.2.4.放映
7）山名正夫「ロングベースナウ」『科学朝日』,1971.1-6月号

# 2　慣性の法則・相対性原理　放物運動

## 1　慣性の法則・相対性原理

〔問題3－1〕

（1）自転車に乗って，ほぼ一定の速さで走りながら，地面に引いた白線上を通過する瞬間，ソフトボールを静かに手放す。ボールはどのあたりに落ちるだろうか。

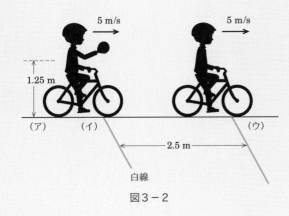

図3－2

予想

　（ア）ボールは白線の後へ落ちる

　（イ）ボールは白線の上に落ちる（自転車の後）

　（ウ）ボールは白線の前，自転車の真下に落ちる

　（エ）その他

〔ヒント〕　自転車が静止しているとき，ボールを1.25mの高さから落とすと0.5秒で落ちる。そこで自転車が18km/h＝5m/sで走っておれば，0.5秒間に自転車は5m/s×0.5s＝2.5m進むことになる。

白線上に立った人が手を差し出し，その位置からボールを離すとよい

（ウ）

自転車用速度計をつけて走るとよい

吹玉式打ち上げ装置
特大ビー玉がギリギリ入る
塩ビの筒を底板に接着し，
筒の下部側面に長いチュー
ブを差し込む。そこに息を
吹き込むと筒の中のビー玉
は真上に飛びだす。球の受
け口はペットボトルの上部
を切ったもの。力学台車に
固定する。

（ア）

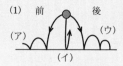

前　　　後
（ア）　　　　　（ウ）
（イ）

（2）　　　（3）

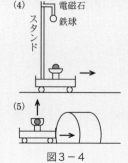

（4）電磁石
スタンド　鉄球

（5）

図3－4

（2）打ち出し装置のついた車がある。止まっている
とき，球を真上に打ち上げたらもとの位置に落ちるよ
うにしておく。台車がほぼ一定の速さで走っていると
き，球を真上に打ち上げたら

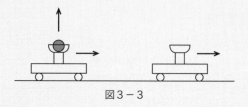

図3－3

予想

　（ア）球は打ち出し口に落ちる

　（イ）球は打ち出し口の後に落ちる

　（ウ）球は打ち出し口の前に落ちる

〈討論と実験〉

　討論ののち，実験をするとき，あわせて次の実験も
試してみよう。

（1）走る自転車から落としたボールは地面に落ちる
とどのようにはねかえるか。図3－4（1）

（2）（3）ほぼ一定の速さで走っている人が，白線上
に来たときボールを落とす。また，ボールを真上に投
げるとどうなるか。図3－4（2）・（3）

（4）図3－4（4）のような装置で，台車の速さが
ほぼ一定のとき，電磁石のスイッチを切って鉄球を落
とすと，どうなるか。

　このとき，球を落とすのと，打ち上げるのを同時に
する。2つの球は空中衝突するか。

（5）図3－4（5）のように，トンネルの少し手前
で球を打ち上げても，球は打ち出し口に入るか。

〔問題3－2〕

0.1秒ごとのボールの自由落下は図3－5の左側に書いてある。また，〔問題3－1〕の自転車の0.1秒ごとの動きが図に書いてある。0.1秒ごとのボールの位置を図に書き入れよ。

（1）ウ，（2）白線の前，足元，（3）手元，（4）入る，衝突する，（5）入る

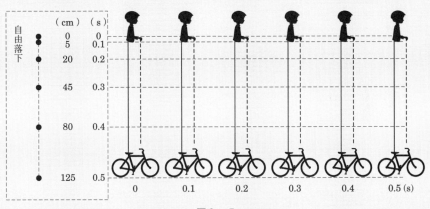

図3－5

0.1sごとの手の位置とボールを赤い直線でむすんでみよう。自転車に乗っている人から見ると（　　　　　　　）のときと同じ落ち方をする。

どの時刻も，ボールは手の下へ落下している。

（静止）のときと同じ落ち方をする。

〔問題3－3〕

〔問題3－1〕（2）の台車の動きを0.1秒ごとにかくと，図3－6のようになる。球を打ち上げてから0.6秒後に台車の高さまで落ちてきたとすれば，0.1秒ごとの球の位置はどのようになるか。図の中に書き入れよ。

図を書いたら，実験を行ったときのストロボ写真と比較してみよう。0.1，0.2，0.3秒，…後の台車と球の位置を赤い直線で結ぼう。台車に乗っている人から見ると，球はどのように落ちるか。

台車から見ると，いつも真上に球があり，静止のときと同じように上昇し落下する。

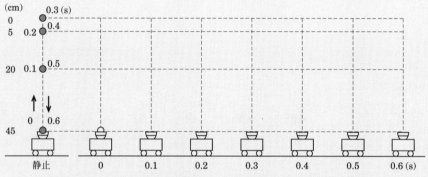

図3－6　台車が止まっているとき，球は左図のように上昇して落ちる

〔問題3－1〕（2）で，球を打ち上げてすぐ台車がど
んどん減速し，0.6秒後に前の半分の距離だけ進んで
止まってしまった。このときの球の位置を図の中に書
き入れよ。

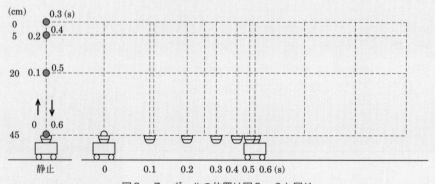

図3－7　ボールの位置は図3－6と同じ

0.1，0.2，0.3秒，…後の台車と球の位置を，赤い
直線で結ぼう。台車に乗っている人から見ると，球は
どのように落ちていくか。

## 話3－1　慣性の法則

「一様に動いている乗り物の中で物を落とすと，物

が下に落ちているあいだに乗り物の方が前に動いてし
まうから，真下よりも後の方へ落ちるだろう」，ちょ
っと考えただけだとこう思える。

　ところが，実際にはそんなことはおこらない。その
乗り物がどんなに速くても，一様に動いているかぎ
り，乗り物が止まっているときとまったく同じように
物は真下に落ちる。これは不思議なことのように思え
るが，事実そうなるのだから仕方がない。どうしてこ
んなことがおきるのか。それは，「物体には一度動い
たらいつまでもその速さで動きつづける性質がある」
からである。

　だから，手から物が離れても今までどおり乗り物と
同じ速さで走りながら落ちていく。たとえ乗り物が急
に減速しても，物体は今までどおり一様な速さで走り
続ける。物体のこのような性質を「慣性」とよび，
「物体は（力が働かなければ）いつまでも同じ速さで
走りつづける」という法則を「慣性の法則」とよぶ。

　一様に動くのが物の本来の性質だという考えは，私
たちの日常経験からすると大変理解しづらい。通常，
ほとんどの運動はそのままにしておけば止まってしま
うからである。だから，古代のアリストテレス以来，
ガリレオが出てくるまでの学者たちは，「静止がもの
の本性であり，力なしに動くということはありえな
い」と考えていた。この考えは現在の私たちでもたい
へん陥りやすい。

　これにたいして，古代の原子論者たちは，自然に運
動が衰えてしまうようなことは決してない，運動は不
滅だと考えていた。自然に止まってしまうようにみえ
るのは，運動を妨げるものがあるからだ，だから何も
ない空虚な中では物本来の性質で運動を続ける――つ

まり，すべてのものが等しい速さでまっすぐ動くという。この原子論者たちの考えは，今からみれば慣性の法則そのものであった。

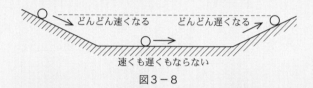

どんどん速くなる　　どんどん遅くなる

速くも遅くもならない

図3-8

　ガリレオは落下法則を使って次のように考えた。「斜面を下るときどんどん速くなる。斜面を上るときはどんどん遅くなる。それなら，上りも下りもしない水平面上では，速くも遅くもならない運動，一様な速さの運動をするはずだ」と〈図3-8〉。そして「一様な速さの運動は，すでに天体の運動にその証拠がある，それを地上に認めてどうしていけないのか」というのである。

　慣性の法則は物体が静止しているときでも成り立つ。

$$v = c\,(一定) \begin{cases} c \neq 0 & 等速度 \\ c = 0 & 静止 \end{cases}$$

　このような式でかくと，静止は等速度運動のなかに含まれていることがわかる。つまり「止まっている物体は速さゼロで走りつづける」，「止まっている物体は止まったままでひとりでに動きだすことはない」のである。

　〔質問〕地球は毎日一回，西から東へ回っているという。それなのに，どうして地球が動いていると感じないのだろう。やっぱり地球は動いていないのだろうか。それとも，動いていてもそれに気づかないわけがあるのだろうか。

## 話3−2　ガリレオの相対性原理

　一様に動いている乗り物の中で物を落とすと，まっすぐ下に落ちる。乗り物の中では，どんな物体の運動も，止まっているときとまったく同じように運動する。どんなに速い乗り物の中でも，それが揺れたりしない限りは止まっているときとまったく区別ができない。これは，「等速度運動しているものの上では，静止しているときに比べて，何一つ力学的な違いが見つからない（まったく同じ力学の法則が成り立つ）」という法則があるからだ。この法則は自然の中でもっとも根本的な法則で，最初に発見したガリレオの名をとって「ガリレオの相対性原理」とよんでいる。これは，次のようにいうこともできる。

　「等速度と静止は力学的にはまったく同じである」

　私たちには，等速度と静止が力学的に同じだなんて大変考えにくい。静止は止まっていることだし，動いていることとは明らかに違うようにみえる。アリストテレスもそう考えていた。むりやり動かされる運動にたいして，静止だけが物本来の姿だというのである。

　ガリレオの相対性原理はこのような考えを，まっこうから否定する。そもそも，運動は"何に対して"運動しているかを指定しないことには意味をもたない。基準（座標系）を変えれば，運動はまるで変わってしまう。これは等速度運動に限らずすべての運動にあてはまる。これを「運動の相対性」とよんでいる（位置も相対的で「位置の相対性」とよばれる）。

　あらゆる運動が相対的で，特に，互いに等速度運動の場合は力学的にも相対的であるというのがガリレオの相対性原理である。等速度運動しているものの上で

は，静止のときと何一つ力学的な違いが生じないので，乗り物が止まっていて地面が動いているのか，地面が止まっていて乗り物が動いているのか，区別ができない。つまり，静止と等速度は力学的に対等で，単なる相対的関係にすぎない，不変なのは力学法則である。

　この原理は「等速度運動しているものの上では，自分が動いているとまったく感じない」原理だともいえる。もし仮にそれが感じられるようなら原理に反することになる。私たちが宇宙船地球号に乗っていて，ものすごいスピードで動いていたとしても，そのことをまるで感じないのは，この原理があるためである。相対性原理といえば，このほかに「アインシュタインの相対性理論」があるが，これは，ガリレオの相対性原理をもっと一般的におし広めたもので，「相対的に一様な速さで運動しているものの上では，力学法則だけでなく，電磁気などあらゆる自然法則が同じになる」といったものである。詳しくは後で学ぶことにしよう。

　慣性の法則と相対性原理はどこが違うのだろうか。慣性の法則は，ある系から特定のある物体に着目したときの法則であるのに対して，相対性原理は，力学法則が不変となるような系と系（互いに等速度で，慣性の法則をみたす系——慣性系）との関係に着目したものである。だから視点の違いだといってもよい。

## 話3−3　慣性の法則の応用例

　アリストテレス的・経験的にみると，慣性の法則・ガリレオの相対性原理は一見不思議に見えるが，私たちの身のまわりをよく見直してみると，それらが現れ

ている現象や応用がいっぱいあることに気づく。

　慣性の法則を示すいろいろな例をスポーツやおもちゃなどいろいろ場合でさがしてみよう。

　1つの例。自動車で追突したとき，されたとき（図3－9）。

追突した方　　　　追突された方

車だけ急に止まるので，
中の人間はフロントガラスを
破って飛び出る
シートベルトの着用

車と人のからだが急に前へ
飛び出るので，頭だけとり残され，
首の骨がひずむ（ムチウチ症）
安全マクラの装備

図3－9

〔練習問題〕

図3－10のように重い物体の上下に同じ糸をつける。下の糸を急激に引っ張ると，

予想

　（ア）上の糸が切れる

　（イ）下の糸が切れる

下の糸をゆっくり引っ張るとどうなるか。理由を考えよう。

図3－10

急に引くと下の糸，ゆっくり引くと上の糸が切れる。

〔問題3－4〕

地面に白線をひき，等速度で走ってきた人が，チリ紙のような軽い物体を白線の上から落とす。チリ紙は白線のどちらに落ちるか。

予想

　（ア）白線の前へ落ちる

　（イ）白線の後へ落ちる

　（ウ）白線の上に落ちる

白線

図3－11

（ア）

走っている人から見ると，チリ紙はどのように落ちていくか。これはどうしてか。予想を立てたら実験してみよう。

〔研究問題〕

1966年2月4日，全日空ボーイング727型機は羽田沖で着陸寸前に墜落，133名全員が死亡した。事故原因は不明とされたが，パイロットの操縦ミスか，機体に欠陥があったかいろいろな議論がされた。現場からは破片E′と機体の着水地点と思われるD点より後方約140 mの地点から，第3エンジンのおおいF（大変軽い）が発見された（図3－12）。これだけのことから，第3エンジンのおおいは，A〜Dのどの地点で離れたと考えられるか。

A〜C点で離れたなら，着水以前にエンジンの事故が生じたことになり，D点で後へはねとばされたなら，着水以前にエンジン事故が生じたと断定できないことになる。

A

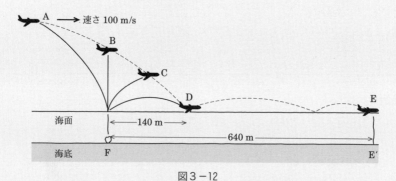

図3－12

## 話3－4　質量（慣性質量）の話

自動車の中から紙切れなどを外へ放りだすと車の後

へ飛んでいく。ところがこれを地面から見ていると，
落とした地点（白線上）よりは前へ落ちることがわか
る。これは，軽いものは空気の妨害をうけやすいから
であるが，いくら軽くても，物体には慣性があって，
そのままの速さを保とうとするからである。空気の妨
害をうけて，重いものと軽いものに運動の差が生じる
のは，重いものほど動きにくく止まりにくい性質があ
るからである。

　「物体の運動状態をそのまま保ち，運動の変化に逆
らうという性質（慣性）の大きさは重いものほど強
い」

　慣性は，重い軽いに関係なくすべてのものにある性
質で，量的なものは一切含まれていない。慣性の大き
さを量的に表すときは，「慣性質量」とよぶ。この慣性
質量は，静力学で習ったときの質量（重さ）と同じも
のと考えてよいことがわかっているので，単に「質量」
ともよばれる。そして，〔g〕，〔kg〕という単位で表す。

## 2　放物運動

〔問題3－5〕
（1）ビー玉を水平方向に1m/sの速さで飛びださせ
たらどのような形を描いて飛ぶと思うか。図3－13に
0.1sごとの玉の位置に●印をつけてから実験しよう。
（2）2倍の高さ（14cm）から落したときの0.1sご
とのビー玉の位置に×印をつけたら実験しよう。

〈実験の方法〉
　図3－13のように〈命中式速度計〉の先端に糸でキ
ャップをつるす。ものさしの先端をレールの端P点か
ら水平に40, 30, 20, 10cmつき出すと80, 45, 20, 5cm

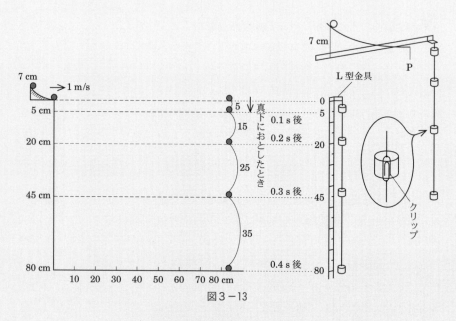

図3-13

の位置につるしたフタに次々と命中する。そして黒板
に記した実験結果の上に図3-14を作成する。

## 話3-5 放物運動 速度の合成・分解の話

ビー玉が水平に飛びだしたとき，水平方向の速度は
落下運動の影響をまったく受けず，飛びだしたときの
速さと方向をそのまま保って運動する（慣性の法則）。

一方，落下運動の方も水平方向の速度にまったくお
かまいなく勝手に自由落下する。

このように，1つの運動が他の運動にまったく影響
をうけないということを《運動の独立性》とよんでい
る。ビー玉の実際の運動は，この2つの独立な運動が
同時に実現しているわけで，図3-14のように2つの
速度をベクトル的に合成してやればよい。逆にビー玉
の速度を水平方向と鉛直方向に分けて考えてもよいこ
とがわかる。このように速度*）はベクトルであり，

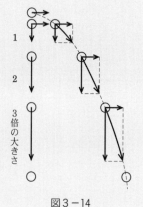

図3-14

静力学で習った力と同じように合成・分解ができる。

　落下法則の最初に〈命中式速度計〉が登場したが，水平に飛んだ距離で飛びだすときの速さが比べられるのはこのような理由があるためである。さらにこの速度計は，水平だけに限らず，斜め方向に飛び出してもその速さを比べることができる。ものさしの先端に空きビンのフタを吊るせば，球がフタまで自由落下するあいだに，どれだけ斜めに飛んだかで速さを比べることができる。

　（＊）大きさだけのとき"速さ"，大きさと向きを含むベクトルとして表すときは"速度"といって区別する。

　図3－15のように，$x, y$軸をとり，水平に速さ$v_0$で飛び出したビー玉の$t$秒後の位置と速度を$x, y$成分に分けてかくと，次のような式にかける。

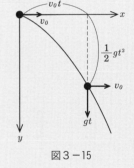

図3－15

速度：$x$方向　　　　$v_x = v_0$

　　　$y$方向　　　　$v_y = gt$

位置：$x$方向　　　　$x = v_0 t$

　　　$y$方向　　　　$y = \dfrac{1}{2} g t^2$

　　　　　　　　　　$y = \dfrac{1}{2} g \left( \dfrac{x}{v_0} \right)^2 = \left( \dfrac{g}{2v_0^2} \right) x^2$

〔問題3－6〕（モンキーハンティング）

　木にサルがぶらさがっている。銃口をまっすぐサルに向けて打った。銃を打つと同時に，サルは手を離した。はたしてサルに命中するだろうか。ただし，弾丸はサルより十分遠くへ飛ぶものとする。

予想

　（ア）命中しない

図3－16

　　　　（イ）必ず命中する

　　　　（ウ）初速や打つ位置や角度に関係するので命中す

　　　　　　る場合もあれば，命中しない場合もある

（1）最初，ある角度で打ち出したら，次に角度を変

えて実験してみよう。この場合はどうなるか。

（2）打ち出し速度を変えたらどうなるか。

（イ）　　　〈討論〉の後，次の実験装置を使って〈実験〉しよう。

## 〈実験装置の作り方〉

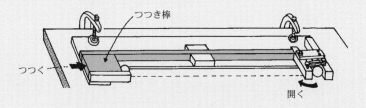

球は φ2.5 cm 特大ビー玉

（下図）つつき棒がレバー d をつつくと同時に，球P
が図の位置でつつかれる。ガイドaは球PがまっすぐQ
に飛び出すように。

装置の傾きを変えても，打
ち出し速度を変えても，斜
面の傾きθを変えても必ず
衝突する。

斜面を使うと，下方への回
転が大きく影響するが，2
つの球が同じ大きさであれ
ば回転の影響は同じになる
ので，回転のことは考えな
くてもよくなる。

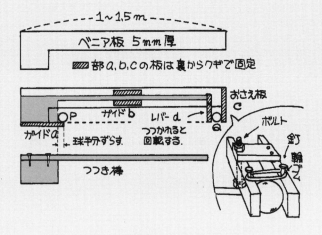

図3−17（1）

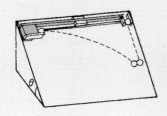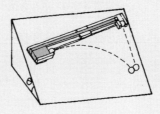

図3-17（2）

〈実験の方法〉
同時発射装置を平らな板にとりつけ，水平打ち出し，
斜め打ち出しなど，装置の傾きθをいろいろ変えた
り，打ち出し速度をいろいろ変えてやってみよう。板
を鉛直にして実験してみよう。特に板が水平のとき
（θ＝0），打ち出した球がどう転がっていくかに注目
し，傾けていくとどうなるかを考えよう。

〈グループ実験〉
　ミニモンキーを作ろう。図3-18のように厚紙に1
cm角の角材を糊づけし，各人の机を傾けて，実験し
てみよう。

この装置を水平（θ＝0）
にして球を打ち出せば，初
速度方向へ慣性運動するこ
と，斜面を傾ければ慣性運
動からのズレ（重力の作
用）がはっきりと確認でき
るのがこの装置の特徴とい
える。また，瞬間的運動を
スローモーションにできる
意義も大きい。重力の成分
が板の傾きによって自由自
在に変えられる。

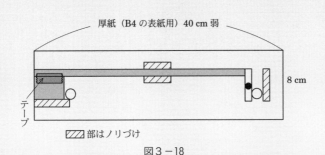

ビー玉（φ1.75 cm）は普
通の大きさ
斜線部は厚紙にノリづけ
回転部は裏から短いクギで
うちつける。
輪ゴムは不要

図3-18

### 話3-6　放物運動——慣性運動と落下運動の組み合わせ

　地上で物体を投げたときの運動——放物運動——は，飛びだすときの位置や初速度（向きを含む）によってずいぶん形が変わる。でも，モンキーハンティングの実験でわかるように，物体はどんなふうに飛びだしても，大変簡単な法則にしたがって運動していることがわかる。

　図3-19から，もし仮に落下することがなければ，0→Pに向かって等速直線運動（これは慣性の法則にしたがう運動なので慣性運動ともいう）をするはずである。

　ここで注意してほしいのは，慣性運動の方向は水平方向に限らずどちら向きでもよいことである。しかし，実際は，打ちだした球もサルが落ちる分（自由落下分）だけは確実に鉛直下向きに自由落下する。球の

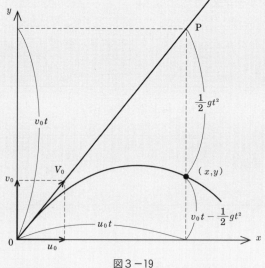

図3-19

落ち分はどの時刻をとってみてもサルと同じである。つまり，サルが落ちる分だけ球も落ちるので，どのように打っても必ずサルに命中してしまうのである。

だから，どのような放物運動も，0→P方向の慣性運動に，鉛直下方への自由落下分を考慮するだけでよい。

斜面上では，重力加速度$g$が小さくなって$a$になるだけのことである。

図3-19のように軸をとり，0→P方向の初速度$V_0$の水平成分を$u_0$，鉛直成分を$v_0$としたときの，$t$秒後の球の位置と速度は$x,y$成分に分けて書くと次のような式にかける。

速度　　$x$方向：$v_x = u_0$　　　　　　　　　①

　　　　$y$方向：$v_y = v_0 - \boldsymbol{g}t$　　　　　　②

位置　　$x$方向：$x = u_0 t$　　　　　　　　③

　　　　$y$方向：$y = v_0 t - \dfrac{1}{2}\boldsymbol{g}t^2$　　　　④

この式からは，任意の方向の慣性運動に，$y$方向下向きにのみ，自由落下運動$\boldsymbol{g}t$と$\dfrac{1}{2}\boldsymbol{g}t^2$が影響していることがわかる。

③④式から，$t$を消去すると

$$y = \left(\frac{v_0}{u_0}\right)x - \left(\frac{g}{2u_0^2}\right)x^2 \qquad ⑤$$

こうして，数学で$y = -px^2 + qx$と表す放物線の軌跡が得られる。

斜面上の運動は重力加速度$g$を斜面に沿った加速度$a$でおきかえてやればよい。

一般の等加速度直線運動（加速度$a$）を表すには，初速度$v_0$の慣性運動に，単純に加速度運動をプラス

位置座標原点を$x=0$とすると，

$$\begin{cases} v = v_0 + at \\ x = v_0 t + \dfrac{1}{2}at^2 \\ v^2 - v_0^2 = 2ax \end{cases}$$

するだけでよいことがわかる。減速するときは $a$ を負
とすればよい。

# 4章

# 地動説

## 地動説の根拠は？

---

## 1 ねらいと解説

### 1 | 力学に地動説は必要か

　力学を教えるのになにもわざわざ地動説を教えなくてもよいではないかという人がいる。たしかに力学の体系は地動説と何の関係もなく教えることができる。こういうこともあってか，今まで高校で地動説がまともに教えられるということはほとんどなかった。

　地動説は，人類の歴史のなかで深く，広く，自然観，世界観の変革を迫った。その与えた影響の大きさははかり知れない。完成した力学体系から見ると何のかかわりもない地動説が，その形成過程では決定的な役割を果たした。さらに，科学の方法の確立に与えた影響の大きさも決して見逃すことができない。

　私は"形成の論理"を重視する。これは完成した力学体系それ自身のうちにある"運動形成の論理"とともに，その体系が完成するまでにどのように科学的認識が形成されてきたのかという"認識形成の論理"を重視することでもある。人間の認識は，出来上がった体系を単に解説するだけでは深まらない。それに，近代科学を生みだすもとになったところの哲学・思想・自然観にまでさかのぼって力学を見なおそうとすると，地動説はどうしても欠かすことができない。

### 2 | 地動説は天体のしくみに対する知見である[1]

　コペルニクスは慣性の法則を知らなかった。それなのに，大地の動きを感じな

いという感覚を敢えて否定して，大胆不敵に，地動説を主張した理由はいったいどこにあったのだろうか。それは，当時の天文学が，天体の本当のしくみをまったく問題にせず，観測に合うように勝手につぎつぎと周転円（図4−8，p.103）をつけ加えていくしかなかったのに対して，強い疑問を感じたことに始まる。彼にとっては，感覚や現象しか見ない見方よりも現象の背後にある天体の本当のしくみこそが重要であった。これは原子論的見方といってもよい。科学方法論的には実体論的段階（p.29）として位置づけることができる。

　アリスタルコスが地動説をとったのも，太陽までの距離とその大きさを測って，およその立体的イメージを描くことができたからであった。

　ガリレオが地動説に不動の確信を持ったのも，望遠鏡によってそれを裏付ける数々の発見をしたからであった。たとえば，金星の満ち欠け一つをとってみても，それを観測するだけで本当はどちらが正しいかに決着をつけるものであった。おそらく，このような発見がなかったら，ガリレオがどこまで地動説を主張できたかは疑問である。たとえ，慣性の法則を発見したとしても，である。したがってここでは，「天体のしくみにたいして，どれだけいきいきしたイメージが描けるか」，この一点に焦点を絞った。

　私自身の経験でいえば，教師になってしばらくのあいだ，「地球が回っている」ということを言葉として知っていても，どうしてそれが動いていなければならないのか，まったく説明できないありさまであった。私は小学校から大学までそれを一度も教わったことがなかった。言葉の上だけで知っていてその中味を知らないことと，その中味を知っていて誰にも納得のいくように科学的に説明がつけられることとはまったく異質なことである。「ガリレオは地動説を唱えて宗教裁判にかけられた」「地動説によって自然観や世界観が変わった」という話がよく知られている反面，地動説の証拠はほとんど知られていない。そのため「ガリレオはスゴイ人物であった」という結果だけがひとり歩きする。自然観は，言葉の上だけでその大切さをいくら強調しても，それを変えざるをえないような具体的な内容がなければ変わりようがないのである。

　誰もが地動説を信じて疑わない。これが言葉の上だけのことなら，ユリゲラー[2]の念力を信じるのと同じである。今誰かがもっともらしいデマをつくり出したら一気に日本中に広がってしまうのではないか。こういう恐ろしさを地動説の

認識を通して感じずにはおれない。**ガリレオが宗教裁判にかけられても，地動説を擁護しえたのは，天体のしくみにかんする確固とした根拠をつかんでいたからであって，この根拠こそ現在の教育において教えるに値することではなかろうか。**

## 3　相対性原理と地動説

　図4−1を見てみよう。上に天動説とアリストテレスの力学，下に地動説と相対性原理の関係を示した。

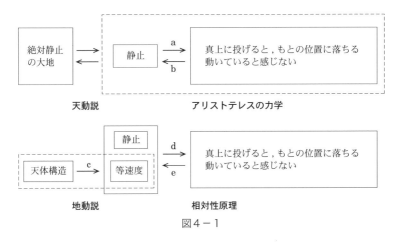

図4−1

　アリストテレスの場合，「大地が動いているとしたら，真上に投げたものは後に取り残されるはずだ。動いているとまったく感じないのは，静止しているからだ」と考えた。実はこのbの過程に落とし穴があった。

　これに対して，相対性原理は大地が等速度で動いていても，止まっていても，そのどちらでもよいことを述べている（d, eの過程）。大地が動いているとは少しも述べていない[3]。動いていても，止まっていてもそのどちらでもよいわけである。だから絶対静止と決めつけることは論理的に不可能である。

　これにたいして，地動説は動いていても止まっていてもどちらでもよいという説では決してない。太陽を中心にして，地球をはじめ諸惑星が動いていなければおかしいという説である（図4−1c）。時々コペルニクスの地動説の最大の発見は「運動の相対性」の発見だといわれる。運動の相対性発見の重要な意義を認め

るにしても，地動説が「地球は動いていても止まっていてもどちらでもよい」というものにすぎなければ，誰がわざわざ根強い絶対静止の自然観を捨てようとするだろうか。運動の相対性は，地動説の結果得られたものである。ガリレオの相対性原理もそうだった。天体のしくみからみると，どうしても地球が動いているとしか考えられない。それなのにどうして動いていると感じないのだろうか。それは，動いていても感覚では感じとれない法則，相対性原理があるからであった。このように，地動説はどうしても力学法則を抽出せずにはいられなかったのである。

　1974年，自称「超能力者」ユリゲラーが念力でスプーンを曲げるという実演をテレビで行ってから，一気に念力ブームが湧きおこった。当時，テレビでその念力をキャッチして，スプーンをこするとスプーンが簡単に曲がるようになるし，壊れた時計も動きだすというので，多くの高校生がそれを実験した。ある生徒は血相を変えてこういった。「絶対念力を信じる！私の壊れた時計が事実動きだしたんだよ！この事実を否定することなんてできないでしょ！」と。多くの生徒に聞いてみると，数個の時計は動いたが，残りの数十個は動かなかったようだ。そのとき思ったのは，"動いたという事実"に驚き，これを過大評価することによって，即その原因が念力であると思い込んでしまう飛躍した論理の恐ろしさである。

　ここで，ユリゲラーの念力さわぎの論理を分析してみよう（図4－2）。

　図4－2は，図4－1の天動説の論理とまったく同じ論理であることがわかる。デマが成功するには，事実を否定することによってではなく，論理を立てる過程にうまい心理的操作を加えるだけでよいのだ（a, bの過程）。

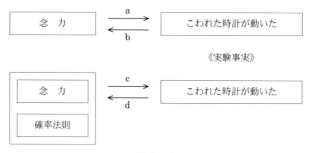

図4－2

　この念力の論理を否定するには，念力以外の方法で，ユリゲラーのように壊れた時計を動かすことができれば，それで十分である（c, dの過程）。このためには，次の条件を満たすだけでよい。

（1）テレビに出て，テレビで実験すること

（2）壊れた時計が多く集まること

まず，壊れた時計を持ってくる場合，どんなものが集まるであろうか。針がないとか，内部機構がメチャメチャにされた時計はほとんど集まらない。時計を買い替える場合のことを考えると，かなり狂うようになってからがほとんどである。なかには時計の機能がまったく失われていないのに買い替えられる。こういう時計が「壊れた時計」として集まるに違いない。だから，「壊れた時計」はいつでも動きうる条件にあるというのが正しい見方だろう。だから何万個の中で，10個や20個の時計が動きだしてもちっとも不思議ではない。

　この実験は，ほんのわずかの時計が動くだけで大成功である。なぜなら，動いた人にのみ念力が通じたのであって，動かなかった人には念力が通じなかったことにすればよいからである。テレビを使っているので，大部分の動かなかった人の情報は抹殺され，わずかの時計が動いたという事実だけが大きく報道される。すると，動かなかった人も「オレには通じなかったが，動いたという人がいる以上，やっぱり念力はあるのではないか」と思い込む。これはテレビを使うから成功する。劇場など，一堂に壊れた時計を集めたら大失敗に終わるにちがいない。なぜなら，動いた時計が少数で，大多数の時計は動かなかったことが，誰の目にも一目瞭然となってしまうからである。

　こう考えると，念力をまったく使わず，ユリゲラーとまったく同じことが再現できるわけである。確率法則に従って，自然法則どおりのことが実現する。あとは，「動いた」「動かなかった」という情報をうまく操作するだけでよい。

　壊れた時計を動かすことができるなら，ユリゲラーは動いている時計を全部一斉に止めることができてもいいはずである。一度どこかの劇場で実験してもらいたいものである。

## ４｜課題「地動説の討論会をひらいて報告せよ」

　「先生，昨日ね，地動説の課題やりに，○○大学に行ってきたよ！　大学の先生

って背広にネクタイかと思ったら，ステテコ，ランニング姿で，びっくりしちゃった。さっそく質問し始めたんだけど，先生，答えられなくなって，まわりの学生に，『おいどう思う?』と答えさせるんだもの。プリント出してなんだかんだとやってきたけど，帰るとき，先生どういったと思う?『君たちどこの高校?　ずい分，むつかしいことやっているんだね。感心したよ』，だって!」

　私は，地動説の授業の最後に「天動説や地動説についての討論会を，だれとでもいいから開き，話しあった内容を，班ごとにクラスで発表せよ」とか「戯曲風にまとめて報告せよ」という課題を与える。上の発言は昔，ある女子生徒（商業高校）の班が大学へ乗り込んで，課題をやりに行ったときの報告である。彼女たちの表情には，大学の先生でも困るような地動説の課題をやってきたぞという，一種の誇りに近い快活さがあった。生徒は，これは面白そうだ，これなら自分でやれそうだと思うと，すごい行動力を発揮する。質問する相手も，実に創意豊かに工夫する。家族はもとより，他の高校の友だち，中学生，大学生，他教科の高校の先生，さらには大学の先生にまで及ぶ。レポートは実にリアルであり，話には必ず尾ヒレがついてくる。

　このような課題は生徒の自主性をひきだし，体験によって地動説の持つ意味を再認識させる。これはいわば，生徒を教師の立場に立たせるものであり，広く一般の人々に理解してもらう運動として位置づけることもできよう。

注
1）地動説関連図書：
ガリレオ，板倉聖宣訳『望遠鏡で見た星空の大発見』，少年少女科学名著全集5，国土社
ガリレオ・ガリレイ，山田慶児・谷泰訳『星界の報告』，岩波文庫
ガリレオ・ガリレイ，青木靖三訳『天文対話』（上）（下），岩波文庫
武谷三男『科学入門』，勁草書房
2）イスラエルの超能力者を自称する人物。1974年テレビを通じてスプーン曲げや壊れた時計を念力で動かす実演を行い，一気に日本中での超能力ブームの火付け役となった。
3）ガリレオよりずっと後になって，フーコーは慣性の法則を使って地球の自転を証明した（6章p.133）。

## 2 地動説

〈質問4－1〉

　太陽や月の地球からの距離，太陽や月や地球の大き
さはどうやって測るのだろうか。これらを測るのに何
かよい方法はないだろうか。

〈質問4－2〉

　東の空に出る太陽と満月の大きさは，どちらが大き
くみえるか?

　予想

　（ア）　月より太陽の方がずっと大きくみえる

　（イ）　月と太陽はほぼ同じ大きさにみえる

　（ウ）　太陽より月の方がずっと大きくみえる

　これが比較できる身近な自然現象はなんだろう?　　　　（イ）

### 話4－1　アリスタルコスの方法──太陽・地球・月の大きさと互いの距離を求める

　今から2千年以上も昔，アリスタルコスが考えた方
法をもとに考えよう。

① 彼は，図4－3のように，月が半月のとき，月と
太陽のなす角 $\theta$ を測れば，月と太陽までの距離の比
$l/L$ が求まるという。

　当時の測定技術は不正確であったので，正確な値で
計算してみよう。

$$\theta = 89°51' \qquad (当時は\theta = 87°と測定)$$

$$\frac{月までの距離 \; l}{太陽までの距離 \; L} = \cos 89°51' = \sin 9' \fallingdotseq \frac{1}{400}$$

$$\tag{1}$$

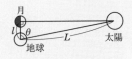

図4－3

近似式
$\theta(\mathrm{rad}) \ll 1 \to \sin\theta \fallingdotseq \theta$
$\sin 9' = \sin (9/60)°$
$\quad = \sin (9/60)(\pi/180)\mathrm{rad}$
$\quad \fallingdotseq 1/380 \fallingdotseq 1/400$
電卓で
$\cos 89°51' = \cos 89.85°$
を求めてもよい。

ラップの芯を
2〜3本つなぐ
太陽

l'

厚紙に
針穴を
あける

d'

芯を斜めに切る
と観察しやすい

グラフ用紙を当てて
太陽像の大きさを測る

図4－4　太陽像を
作る実験

　つまり，地球から太陽までの距離は，月までの距離
の約400倍であることがわかる。

② 図4－4のようにラップの芯で太陽像を写す実験
をしよう。太陽像の大きさ$d'$と針穴から像までの距
離$l'$の比はほぼ1対100であることがわかる。簡単な
実験だからぜひともやってみよう。この比はちょうど
太陽の大きさ$D$と太陽までの距離$L$との比である
（図4－5）。

$$\frac{d'}{l'} = \frac{太陽の大きさ\ D}{太陽までの距離\ L} = \frac{1}{100} \qquad (2)$$

③ 地上から見た太陽と月の大きさはほぼ同じ大きさ
に見えることは，皆既日食（月がちょうど太陽を隠
す）からもわかる。

　図4－5は皆既日食のときと，図4－4でラップの
芯を使って針穴を通して太陽像を写したときの様子が

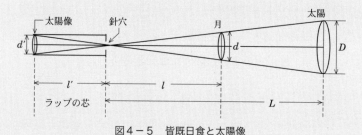

太陽像　　針穴　　　　月　　　　　　太陽

$d'$　　　　　　　　　　$d$　　　　　　　$D$

$l'$　　　　　$l$

ラップの芯　　　　　　　　　　$L$

図4－5　皆既日食と太陽像

合わせて書いてある。

　図4－5から，三角形の相似を使うと，距離の比は
大きさの比になっている。このことから太陽の大きさ
$D$は月の大きさ$d$の400倍であることがわかる。

$$\frac{月の大きさ\ d}{太陽の大きさ\ D} = \frac{月までの距離\ l}{太陽までの距離\ L} = \frac{1}{400}$$
$$(3)$$

<研究問題>
興味のある人は「月食のと
き，月に写った地球の影の
大きさが月の約3倍である
ことから，地球は月の4倍
の大きさである」ことを作
図で求めてみよう。(p.113
囲み参照)

④ 地球の大きさは，月食のとき，月に写った地球の

影の大きさが月の約3倍であることから，地球は月の4倍の大きさであることがわかる。（アリスタルコスの方法）

$$\frac{地球の大きさ d_E}{月の大きさ d} \fallingdotseq 4 \qquad (4)$$

だから，地球の大きさ$d_E$は太陽の大きさの約1/100倍である。

（1）～（4）式より，地球の大きさは太陽の大きさの1/100，月の大きさは地球の1/4，地球から太陽までの距離は太陽の大きさの約100倍，地球から月までの距離は太陽までの距離の1/400である。

〈質問4－3〉

（1）太陽のまわりを地球がまわるのと，地球のまわりを太陽がまわるのとは，どちらが合理的と思うか。

（2）太陽を0.5mの大きさとすると，地球は（　）cm，月は（　）cmの大きさに相当する。地球から太陽までの距離は（　）m，地球から月までの距離は（　）cmになる。

この結果をもとに，運動場（半径50m）を例にして，これらのおよその立体的イメージを描いてみよう。

また，太陽-地球間の距離を50mとすると，他の惑星はどのあたりを回っていることになるか，資料を調べて，学校のまわりの地図に書き込んでみよう。

〈質問4－4〉

（1）地球が1日1回自転しているとすると，赤道上にいる人の速さは何km/hとなるか。地球半径は6400km。

図4－6　太陽・地球・月の大きさと距離の関係

運動場（半径50m）の中央に，ビーチボール（50cm）の大きさの太陽があり，マチ針の頭ほど（約5mm）の地球が運動場の端を回り，その地球から約12.5cm離れて，タラコの粒（約1mm）の大きさの月が回っていることになる。

他の惑星が50mの何倍離れたところを回っているかは，

| 地 | 火 | 木 | 土 | 天 | 海 |
|---|---|---|---|---|---|
| 1 | 1.5 | 5 | 10 | 20 | 30 |

倍の距離を回っていることを使う。学校の回りの地図に軌道を書き込むとよい。
一番近い恒星までは13000km（地球の大きさ）以上もあることになる。空間の中の太陽系のイメージを描こう。

（1）1670 km/h
（2）10万 km/h，30 km/s
（3）30億 km/s，1億倍

天動説では遠くの星ほど速いことになる。

B

図4-7 地動説の
　　　　 火星軌道

太陽を中心に地球，火星の軌道を描くと，地球にもっとも近い（もっとも明るい）火星の位置は太陽と反対側に見えるとき〈A〉（太陽が西に沈むと東の空に見える火星），地球にもっとも遠い（暗い）ときは太陽と同じ方向に見えるとき〈B〉，これは観測とぴったり一致し，天動説では火星の明るさの変化を説明することはまったく不可能であった。

（2）地球が1年に1回公転しているとすると，地表にいる人の速さは何km/h，何km/sとなるか。
　　　太陽・地球間の距離は$1.5×10^8$ km
（3）地球が静止していて，太陽やすべての惑星・恒星が1日1回転するとすると，地球に一番近い恒星ケンタウルス座の星の速さは何km/sになるか。これは，地球が公転している速さの何倍か。
　　　ケンタウルス座の星までの距離は4.3光年
　　　　　　1光年 ＝ $9.5×10^{12}$ km

〈質問4-5〉

　火星の明るさは50倍ほど変化する。これだけの明るさの変化が生じるためには，火星・地球間の距離が7倍ほど変化しなくてはならない（明るさは距離の2乗に反比例する）。この距離の変化は天動説と地動説ではどう説明ができるか。

　地動説によれば，もっとも明るいときの火星は地球から見て太陽のどちら側に見えるか。実際の観測結果はどうなっているか。

## 話4-2　天動説と地動説

　アリスタルコスが地動説を唱えたのは，太陽，地球，月の大きさや距離を測ることによって，立体的イメージを描くことができたからであった。ところが，アリストテレスはいくらアリスタルコスの考えが魅力的であっても，あえてそれを認めようとしなかった。なぜなら地球が本当に動いているならばそれを感じるはずだという。それに彼の力学によれば「静止がものの本性」だから，動く以上，強制力が働くはずだ，そのため地球が動けば粉々になってしまうだろうという

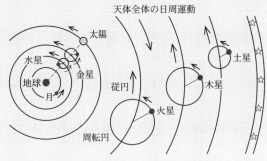

図4−8　プトレマイオスの宇宙体系

のである。

　プトレマイオスはアリストテレスの天動説を完成し
た人である。彼は惑星の複雑な動きを，周転円を使っ
て説明した（図4−8）。彼の理論は，観測にあわせ
て次々と周転円をつけ加えていくというもので，大変
正確であった。観測と合うように好きなだけ周転円を
つけ加えればよいから，正確なはずである。そのかわ
り，天体がどんな「しくみ」になっているかはまった
く問題とされなかった。

　コペルニクスの時代には何と79個もこの周転円が
ついていたという。コペルニクスは，こうした「天の
しくみ」を問題にせず，現象しか見ない天文学に強い
疑問を抱いていた。現象はともかく本当はどうなのか
と。

　コペルニクスは，確かに地球が動くと感じないのは
不思議だが，途方もなく大きな天が1日に1回まわる
ということの方がよほど不合理ではないか，それに，
大地が動くと粉々になることを心配するなら，それよ
りはるかに速く動く天が壊れること〈質問4−4〉を
どうして心配しないのかと疑問を投げかける。

　そればかりではなく，天動説ではまったく偶然的な

図4−8，図4−9は武谷
三男『科学入門』，勁草書
房，より

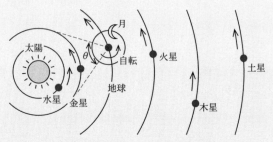

図4−9　コペルニクスの宇宙体系

できごとが，太陽中心のしくみ，図4−9をもとにし
て考えると必然的に説明できてしまう。

　たとえば，

（ア）火星の明るさの変化は天動説ではまったく説明
不可能である。地動説では観測とぴったり一致する
〈質問4−5〉。

（イ）水星・金星がいつも太陽の近くにある理由。

　地動説では図4−9より，内惑星は太陽からある角
度 $\theta$ 以上は離れないことが合理的に説明できる。と
ころが天動説では図4−8のように地球・太陽を結ぶ
線上に周転円の中心がきているけれど，それがどうし

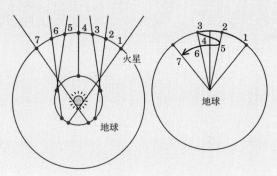

図4−10　地動説による火星の逆行の説明

てなのかはまったく説明がつかない。

（ウ）地動説では，複雑な周転円を考えなくても，地球や他の惑星が太陽のまわりを円運動すると考えるだけで惑星の逆行が説明できる（図4－10）。しかも，逆行をおこすときはどういうときかというと，地球が外惑星を追い抜くとき，つまり，太陽と反対側に外惑星が見え，もっとも明るいときであると，ぴったり予言できる。内惑星は，地球を追い抜くときに逆行をおこす。天動説ではこのような明解な説明はまったくできなかった。しかも，地動説では逆行の大きさが火＞木＞土の順に小さくなっていく理由も説明できる。

　コペルニクスの地動説は，天文学に限らず自然観，世界観，あらゆるものの見方・考え方の根本的変革をせまるもので，当時の人びとに強烈な衝撃を与えた。人間の生活の場，大地に縛られた自己中心的見方が根本からひっくり返され，不動の地球は一つのさまよえる星になってしまった。人間の寄って立つべき足場を取り去ってしまったのだから，猛烈な反対の声が上がって当然である。とうとう彼の書いた『天球の回転について』という本は禁書とされてしまった。

　ブルーノはコペルニクスの地動説を擁護するだけでなく，太陽系は広大無辺の宇宙のなかの一つの天体にすぎないこと（『閉じた世界から無限宇宙へ』）を説いて歩いた。しかし，彼は捕らえられ，火あぶりの刑に処せられてしまった。こういう時代でも，人間の理性を信頼すべきだと考える人たちはいたのである。

〈質問4－6〉

（1）ガリレオは望遠鏡で木星の衛星を4つ発見した。これらの衛星の周期は，木星から遠ざかるにつれてど

うなると思うか。

　予想

　　（ア）長くなる

　　（イ）短くなる

　　（ウ）相関関係はない

（2）それでは惑星の周期は太陽から遠ざかるにつれてどうなるだろう。このことから，もっとも遠くにある星が1日1回まわると考えた方が合理的か，静止していると考えた方が合理的か考えてみよう。

〈質問4−7〉

　コペルニクスに反対する人たちはこういった。「あなたの説が本当なら，金星は月のように満ち欠けするはずではないか」と。金星が満ち欠けするかどうかは肉眼ではわからない。どちらが本当であるかはガリレオによる望遠鏡の観測をまたねばならなかった。

　では，金星は天動説，地動説の場合どのように満ち欠けするのだろうか。それぞれの場合について，金星の満ち欠けの様子を図4−11の1〜8の場所ごとに大

〈木星の衛星の周期〉
　イオ 1.8日
　エウロパ 3.6日
　ガニメデ 7.2日
　カリスト 16.7日

〈惑星の周期〉
　水星 0.24年
　金星 0.62年
　地球 1.0年
　火星 1.9年
　木星 12年
　土星 30年

地動説の満ちかけ

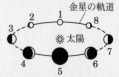

天動説の満ちかけ

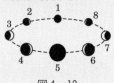

図4−12

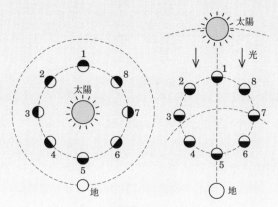

図4−11

きさにも注意して書いてみよう。

　どちらの説が実際の望遠鏡の観測と一致するか写真によって確かめよう（図4-13）。興味のある人は,

図4-13　金星のみちかけ（国立天文台）

実際に望遠鏡で調べてみてもよい。

## 話4-3　ガリレオと望遠鏡

　ガリレオは自分で作った望遠鏡を世界で初めて星空に向けた。そこには,今まで肉眼ではまったく見られなかった驚くべき世界が広がっていた。これらの新発見のすべては,2千年以上にわたって信じられていたアリストテレスの自然観をことごとくくつがえし,コペルニクスの地動説の正しさを確信させるものばかりであった。

　彼はこれらの大発見をただちに『星界の報告』として出版した。1609年,ガリレオが45歳のときであった。実際,自分の目で確かめた強烈な体験は,ガリレオの生涯に決定的な影響を及ぼした。彼の発見のおもなものは次のようなものである。

### (1) 月の表面は凸凹で,地上とそっくりである

　ガリレオの見た月の表面は「なめらかで一様な完全

な球」というアリストテレスの天とはまったく逆であった。山あり，谷あり，地上の凸凹と少しも変わらない光景であった。ガリレオは月の山の高さまで，測ってのけたのである。

## （2）地球も星のように輝いている

私たちは，地球の動きを感じることができない。それと同様，地球が星のように光っているなんてとても思えない。アリストテレスは，地球は動かず，光るはずもないと考えた。運動と光は星だけに与えられ，天と地はまったく別世界であった。なにしろ，動いたり，光ったりすると感じないものを，動いたり，光ったりすると考える方が無茶な考えに思える。

ところが，ガリレオは「地球が月以上に輝いている」ということを発見した。月は恒星と違って自分で光を出さず，太陽の光を反射して光っている。まず，ガリレオはその反射が凸凹な表面に起きる乱反射であることを証明する。

アリストテレスがいうように，鏡のようなツルツルの面であったら，とても今の月のようには見えないという。たとえば，図4－14のように鏡で反射する光はO点で反射した光だけが目に入る。ほかの光は目に入らない。

図4－14

真っ暗な中では光源が鏡に写ってみえても，鏡ABは全く見えない。ところが表面がザラザラの半紙では，紙AB上のどの点からも乱反射の光が目に入り，図4－15のように紙ABの形がはっきり見える。月の表面はちょうどこれと同じだという。

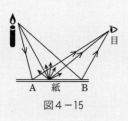

図4－15

続いて彼は，地球も太陽の光を乱反射して月以上に輝いていることを明らかにする。月が三日月に見える

ときは，図4−16のような配置をしているときである。このときは，太陽の方角に，つまり，夕方西の空に月が見えるときである。地球の反射光が三日月の影の部分を照らしていることがわかる（図4−17，地球照，または月の二次光という）。

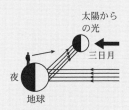

図4−16

したがって，満月の夜など月が大地を照らしてずいぶん明るくなるのと同じ，いやそれ以上に地球は輝き，月を照らすというのだ。この発見は，これまで特別な地位にあった地球が月と同様の単なる一つのさまよえる星にすぎないという発見であった。

これは当時にしてみればおそるべき発見であったに違いない。

図4−17　月の二次光
点々部分がボヤッと輝いている

## （3）恒星は無限の遠方にある

望遠鏡で見る惑星は丸くその大きさがわかる。ところが恒星は四方八方に光を放つばかりでその大きさがわからない。この観測は，恒星の大きさがわからないほど遠くにあることを示すものであった。恒星が遠くにあればあるほどコペルニクスの地動説には有利であった。なぜなら，星が遠いほど，1日1回猛スピードでまわるというのはいかにも不合理だからであった。

コペルニクスの地動説が正しければ，半年ごとに星を見る角度は変わるはずであった。残念なことに，当時この角度の変化（年周視差）はまったく観測できなかった。これは地動説には決定的に不利な材料であった。ところが，恒星が比較にならないほど遠くにあることがわかれば，当時の技術水準ではこの角度の変化は見つけられない。年周視差が観測できないということは地動説には不利であったが，かえってそのことが，宇宙がいかに広大無辺であるかを示すものであっ

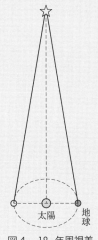

図4−18　年周視差

地球が太陽の周りをまわっていれば半年ごとに星を見る角度は変化する

年周視差の発見は1838年ベッセル。

た。

## （4）銀河や星雲は無数の星の集り

　広大無辺の宇宙には無数の星があった。望遠鏡でのぞくと「すでに知られている星のまわりに1〜2度の範囲内に500以上の星」があった。いたるところに想像できないほど無数の星があった。銀河も，星雲も無数の星の集りであった。

　ガリレオは銀河について「数世紀のあいだ，哲学者たちを悩ませてきたすべての論争に終止符を打った」といっている。

## （5）木星の衛星の発見

　ガリレオの発見はさらに続く。世界中いまだかって誰も目にしなかった木星の4つの衛星の発見である。彼は特にこれらの衛星の周期に着目した。するとたしかに遠いものほどゆっくり回っているのであった。この発見は，天が1日に1回まわるという天動説には決定的に不利な材料であった。遠い星ほどゆっくり動くのなら，無限遠方にある星はついに止ってしまうことになるからである。ガリレオは惑星の運動も，この木星の衛星の運動とまったく同じだと考えた。するとどうみても動くのは地球で，静止しているのは無限遠方の恒星になってしまう。

　コペルニクスの体系にたいして，すべての惑星が太陽のまわりをまわるのに，どうして月だけ地球のまわりをまわるのか，という人びとがいた。これらの人びとにガリレオは次のように答えた「公転する木星のまわりを4つの衛星がまわっていることが感覚的経験としてある以上，どうして月が地球のまわりをまわると

考えていけないのか」と。

## （6）金星の満ち欠け

　天動説で起きないはずの金星の満ち欠けは，コペルニクスの地動説では，月と同様な満ち欠けをするはずであった。ガリレオは『星界の報告』を書いた直後（1610年），金星に望遠鏡を向けて観測を続けた。するとどうだろう。金星はコペルニクスの予言どおり，月のように満ち欠けをしていくではないか。

　「ついに見た! 地動説の決定的証拠を!」とガリレオは興奮した。この発見はあまりにも重大な発見であったので彼は謎文字にして公表したほどであった。

　金星が満ち欠けするということは，金星が月と同様太陽の光を反射して輝く惑星であるという証拠でもあった。結局，地球を含めたすべての惑星は太陽の光を反射して輝く星であり，無限遠方で自ら輝く恒星とは異なる星だったのである。

## （7）太陽黒点の発見

　ひきつづく大発見に続いて，ガリレオは1613年，「太陽黒点」を発見した。この発見によって，太陽でさえ，アリストテレスのいう完全な天体でなく，自転までしているという事実をつきとめた。

　このように，ガリレオの望遠鏡による発見はすべてアリストテレス自然観をこなごなに打ち砕いてしまう発見ばかりで，コペルニクスの地動説の正しさを確信するものばかりであった。その後，ガリレオは宗教裁判によって地動説を捨てるように強制されたが，一度見てしまった事実を見なかったとはどうしてもいえなかったに違いない。まさにガリレオはそういう立場に

立たされたのであった。もし仮に、望遠鏡で星をのぞかなかったとしたら、ガリレオがどこまで地動説を主張できたかは疑問である。たとえ、慣性の法則を発見していたとしても、である。それほど星の観測は地動説には決定的であった。

慣性の法則は地球が動いていることも認めるが、静止していることも否定しない法則である。だから、地球が動いていなければならないという理由はこの法則からは出てこない。けれども、慣性の法則の果たす役割がきわめて大きかった。それは、地球が動いていると感じない、この感じないがゆえに地動説を捨てる人たちがほとんどすべてであったからである。実は、動いていると感じないのが慣性の法則なのだ。その意味では地動説は慣性の法則を待って完成したといってもよいであろう。

〔質問4－8〕は討論すると大多数が（イ）で、（エ）が少々。中には「地下活動を展開する」という意見も出てきた。

どちらが正しいかなどということはしない。歴史上では（ア）がブルーノ、（イ）がガリレオの立場であったことを紹介して、次の〔課題〕にとりくむ。

〈質問4－8〉

もし、みんながガリレオと同じ立場にたって望遠鏡で金星の満ち欠けを見てしまった後で、地動説を捨てなければ処刑するといわれたらどうするか。

（ア）弾圧を覚悟の上で公然と地動説を擁護する

（イ）心の中では地動説を捨てないが、命が惜しいので口では地動説を捨てたという

（ウ）地動説を本当に捨てる

（エ）その他

〔課題〕

天動説・地動説について、家族や知人など誰とでもいいから討論会を開き、話し合った内容を戯曲風にまとめて報告しなさい。

１．必ず質問すること

（１）地球が自転公転していることを知っているか。

（２）地球は本当に回っていると思うか。単なる説だと思うか。

（３）回っているなら，その証拠を示してほしい。

（４）地球が回っているとしたら，どうしてそれを感じないのか。アリストテレスは「大地が静止している確かな証拠は，真上に投げたものはもとの場所に落ちてくるからだ。もし大地が動いていたら，ものは後の方へ落ちるだろう」といったが，これに反論してほしい。

２．討論では，授業で習ったことをもとに自分の説を積極的に展開し，相手が納得できるようにがんばる。

３．相手の質問で，自分が困ったこと，話し合いの後，生じた自分の疑問をつけ加えること。

話し合う相手は誰でもよい。質問の順序やまとめも自分の好きなようにやってよい。広く一般の人に地動説を科学的に理解してもらう運動として位置づけて取り組もう。

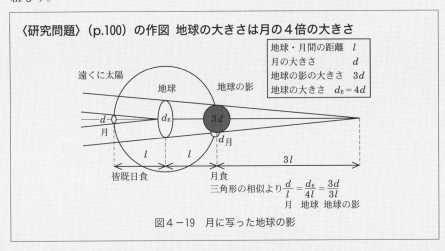

〈研究問題〉（p.100）の作図　地球の大きさは月の４倍の大きさ

| | |
|---|---|
| 地球・月間の距離 | $l$ |
| 月の大きさ | $d$ |
| 地球の影の大きさ | $3d$ |
| 地球の大きさ | $d_E = 4d$ |

遠くに太陽　　地球　　地球の影

$d$ 月　　$d_E$　　$3d$　　$d$月

皆既日食　　　月食

$l$　　$l$　　$3l$

三角形の相似より $\dfrac{d}{l} = \dfrac{d_E}{4l} = \dfrac{3d}{3l}$
月　地球　地球の影

図４−19　月に写った地球の影

# 5章

# 力と質量と運動

## 力は速度を変え，質量は速度変化に逆らう

---

## 1 ねらいと解説

### 1 "動く力"と対決し，力の概念を確立

　今まで，落下法則や相対性原理を学ぶ段階は，経験的自然観といわば実体論的に対決する段階であった。それに対して，この段階は本質論的対決の段階として位置づけることができる（「4．科学教育の方法としての実体論」p.29）。

　この章のねらいはすでに冒頭の「序章　力学を学ぶ意味」〔問1〕〜〔問3〕と「経験的自然観をくつがえす」で述べたとおりである。繰り返しになるが，要するに，次の3点はしっかりと生徒に定着をはかりたい。

（ⅰ）力の原理：「運動か，静止か」でなく，「速度に変化があるか，ないか」というとらえ方。「速度の変化を決めるものは力である」

（ⅱ）相対性原理：「力のつりあい＝静止」ではなく，「力のつりあい＝等速度」というとらえ方。「等速度と静止の力学的同等性」

（ⅲ）力の定義：「力は物の持つ量ではなく，物の外から受けるものである」「物体を変形させ，速度を変化させるものだけを力とよぶ」

　〔問題5−1〕（p.117）では，討論は三つの選択肢をめぐって，ほぼ三つ巴になって展開される。すでに習った慣性の法則を使って「力が働かなければ一定の速さだ，チョンと力を加えれば速くなり，すぐ一定の速さになる。チョンチョンと力を断続的に加えていけば，どんどん速くなる一方だ」という意見も出てくるが，経験的考えを論破するまでには至らない。

討論が盛り上がって実験したときほど，$F \propto \Delta v$ の定着は良い。

〔問題5－2〕（p.117）に入ると，討論は，論理を立てて議論を展開する者と，自分の実感に固執する者との対決が際立ってくる。〔問題5－1〕を盾にとって「前向きの力の方が大きければ，どんどん速くなってしまうではないか。一定の速さである以上，つりあっているハズである」という論理が展開される。それに対して，実感派の生徒は「つりあっていたら動けないじゃないか」と反論する。ある生徒は「以前，等速度と静止は同じだと習ったけれど，等速度の場合も，静止のときと同じようにつりあったまま，動いたっていいじゃないか。これこそ慣性の法則ではないか」と主張する。こういう意見が少数でも，実感派の動揺はかくせない。

〔問題5－1〕と〔問題5－2〕は対の問題であり，どちらも欠かすことができないキーポイントとなる問題である。〔問題5－1〕は，静力学で習った力の原理の発展であり，〔問題5－2〕は力のつりあい状態における慣性の法則の問題である。

〔練習問題5－1〕（p.118）に入っても"動く力"の考えはまだ残る。ここでは，等速度運動しているときは，力も静止のときとまったく同じであり，等速度と静止は力学的に区別がつかないという相対性原理を確認する。

同時に，次のようにいって，力を定義する。

「君たちが"動く力"といっているものは，運動している物がもっている何らかの量のことをいっているんだろう？　これは，後で学ぶ運動量とか運動エネルギーとよぶものなんで，力ではないのだ。それを"力"というからおかしくなってしまうわけだ。力は物がもつ量ではなくて外から物が受け取るものなんだ。だからこれからは，力というときは"物体を変形させるとか，速度を変化させるものだけを力と呼ぶ"ことにしよう」と。

このように，《力の原理》を満たさないものは力ではない。力なしに動くというのが《慣性の法則》なんだということに確信が持てるようになると，生徒は急速に変わり始める。

〔練習問題5－2〕（p.119）に入っても，まだ落下につれて重力が大きくなるといった"落下力"がつけ加わる。〔練習問題5－4〕（p.119）をやっても，やはり前向きの力が現れる。ここで生徒が書いたあらゆる力を黒板に取り上げ，

《力の原理》と《慣性の法則》にもとづいて，議論のなかで，フルイにかけていくと，このあたりでほとんどすべての生徒が納得し始める。

## 2 | 慣性質量概念とニュートンの運動の第2法則

ここでの後半は，慣性質量の概念の完成と運動の第2法則の導出である。

現在，$ma = F$ を導くのに，まず $a \propto F$ を確認してから，その比例定数として $m$ を導入するのが通常である。しかし，こういうやり方では，慣性質量 $m$ が運動で果たす役割がまったく浮かび上がってこない。それに対して，ここでは，速度変化に逆らう（速度を持続する）量として慣性質量を，速度変化の原因としての力との関連で取り上げた。ゴムヒモ2本で引っ張ったとき，1本のときと同じ加速度運動をするようにするには，台車の質量を何倍にすればよいかという〔問題5-4〕（p.121）がそれである。$a$ が同じになるように，$F$ に応じて，$m$ を決めるのである。こうすると，慣性質量が力による速度変化に逆らう（速度を持続する）役割を果たしていることが，くっきりと浮かび上がってくる。式で書くと，

$$a = \frac{F \cdots 速度変化をひきおこす}{m \cdots 速度変化に逆らう（速度を持続する）}$$

時々，質量は「止まろうとする」役割を果たすと誤解する意見が出ることがある。速度変化に逆らうということは，速度が変化しないようにする，つまり速度を一定に保つ（持続する）ことなので，「止まろうとする」のは速度が変化する運動，負の加速度運動だということに注意を促す。

そして，〔問題5-5〕（p.121）で，落下法則がどうして質量に関係しないのか，その理由は $m$ と $F$ がいつも比例しているからだということを明らかにする。

## 2　力と質量と運動

〔問題5-1〕

　まさつが大変小さい台車を同じ大きさの力で引き続
けたら，台車はそのあいだ，どのような運動をすると
思うか。

　予想

　（ア）ずっと一定の速さで動く

　（イ）はじめのうちは速くなるが，すぐ一定の速さ
　　　　になる

　（ウ）どんどん速くなる

　どうしてそう思うか，討論をしてから，実験しよ
う。

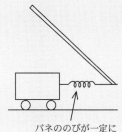

バネののびが一定に
なるように注意して
ひっぱる

図5-1

ばね（輪ゴムでよい）の伸
びを一定にするのは簡単で
はないが，どの予想が正し
いかはすぐわかるだろう。
図のような1mほどの棒の
先にばねをつけて引っぱる
と実験しやすい。（ウ）

〈実験〉

　廊下で，ばねの伸びがほぼ一定になるようにして，
台車を引っぱってみよう。

〔問題5-2〕

　図5-2のように台車の前後に同じ強さのばねA, B
をとりつけ，後方に砂袋をつけて，前方のばねを引っ
ぱりながら，ほぼ一定の速さで台車を走らせる。この
とき，どちらのばねの伸びが大きくなると思うか。

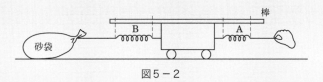

図5-2

予想

（ア）A ＞ B

（イ）A ＝ B

（ウ）A ＜ B

（イ）

どうしてそう思うか，討論してから，実験しよう。

〔問題5－3〕

　水平面上で，はじめ，進行方向と反対向きに台車を
ゴムひもで引っぱった。台車はどんな運動をするか。
予想を下の欄に簡単な文にしよう。このとき，台車が
うけている力もあわせて描いて実験しよう。

力の大きさは変わるが，こ
の場合は問題にしない。

（　　　　　　　　　　　　　　　　　　）

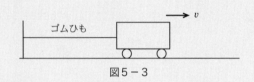

減速する。力は運動を妨げ
る向き。

図5－3

〔練習問題5－1〕

予想が（イ）なら〔問題5
－1〕，予想が（ウ）なら
〔問題5－3〕となり，答
は（ア）と静止の場合と同
じになることを確かめる。

　まさつがない水平面上を物体がずっと一定の速さで
動いているとする。このとき，物体がうけている力は
次の（ア），（イ），（ウ）のうちどれが正しいと思う
か。

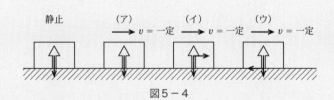

図5－4

（参考）左端の図は静止しているときに物体がうけて
いる力である。

〔練習問題5－2〕

ビー玉を1～2mの高さから落としたとき，ビー玉が受ける力は落下とともにどうなると思うか。

（ア）一定の大きさの引力だけが働いている

（イ）引力だけが働き，それが落下とともに次第に大きくなる

（ウ）引力はずっと一定の大きさだが，最初ビー玉を支えていた上向きの力が次第に小さくなる

（エ）引力はずっと一定の大きさだが，「落下する力」とでもいう力が働き，それが次第に大きくなる

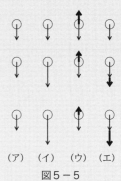

（ア）（イ）（ウ）（エ）

図5－5

等加速度運動は一定の大きさの重力で生じることの確認。（ア）

〔練習問題5－3〕

自動車が等速でまっすぐ走っているとき，次の力はどちらが大きいか。

A：車の前向きにかかる力

B：車の後ろ向きにかかる力

　（摩擦力，空気抵抗力などを合わせたもの）

A＝B

〔練習問題5－4〕

空気抵抗やまさつは無視できるとして，図5－6で，O点から落とした球が，A～Eにおいて，うけている力をすべて矢印で書き込め。また，図の矢印の向きに振り子がふれているとき，おもりに働く力を書き込め。

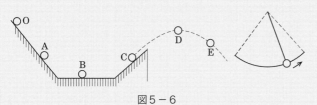

図5－6

正解 A B C D E

## ┃ 話5−1　力は速度の変化をひきおこす

### 速度変化の原因──力

　自転車や自動車が前進するには，前向きの力の方が大きくないとすぐ止まってしまうようにみえる。

　ところが，前向きの力が少しでも大きいと，車はどんどん速くなってしまう。一定の力に，一定の速度が対応するのではない。一定の力には，速度の変化（一定の加速度）が対応する。力は運動を変化させる原因なのである。

　力のつりあいイコール静止と思いがちであるが，力がつりあっているときは，力は互いに打ち消しあっており，結果的に力が働いていないときと同じであり，一定の速度で動く。これが慣性の法則であった。静止は等速度運動の中に含まれ，静止と等速度は力学的にまったく区別がつかない。力学では，運動を「動いているか」「止まっているか」と見るのではなく，

**　　速度変化あり……力あり（または，不つりあい）**
**　　速度変化なし……力なし（または，つりあい）**
**　　　　　　　　（静止を含む等速度）**

とみることが決定的に重要になる。普通の力でないにしても，前向きに「動く力」があるという人がいるかもしれない。しかし，物体は力を受けると必ず変形したり，速度に変化を生ずる。だから物体が変形しないとか，速度変化を生じないときは，力とよんではいけない。力は物のもつ量ではない。必ず，物の外から受けるものである。「動く力」というのは，力とは別のものをそうよんでいるにすぎない。

〔問題5－4〕

次の場合，どちらの速度変化が大きいか。ゴムひもは同じ長さで同じだけ引きのばして実験する。

（1）台車は同じ質量で，ゴムひも1本と2本で引くとき

できるだけ長いゴムひもがよい

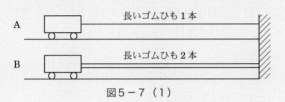

図5－7（1）

（2）ゴムひも1本で，台車1台と2台をひくとき

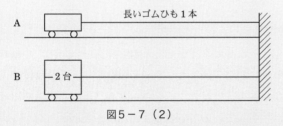

図5－7（2）

（3）Bはゴムひも2本，A, Bともに同じ運動をするためには，Bの質量をAの何倍にすればよいか。

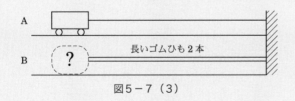

図5－7（3）

まさつが小さく一定の力で等しい運動をする台車であることを事前に確めておくこと。<br>（1）B，（2）A，（3）2倍

〔問題5－5〕

真空中では，いくら質量の違うものでも，落下法則はすべて同じである。質量が10倍となれば，物体が受ける重力も10倍となって，10倍の速度変化が生じ，重い方が速く落ちてもよいはずなのに，どうしてすべて

のものは同時に落ちるのだろうか。理由を下に説明し
よう。

話5-2参照

(　　　　　　　　　　　　　　　　　　　　　　　)

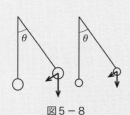

図5-8

(ウ)

〔問題5-6〕

同じ長さで質量の違うふりこの周期はどう違うか。
質量は5倍ほど違うもので実験する。

予想

(ア)　重い方が速い（周期が短い）

(イ)　軽い方が速い（周期が短い）

(ウ)　どちらも同じ（周期は同じ）

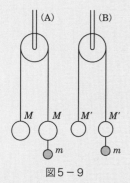

図5-9

(ウ)

〔問題5-7〕

(1)　よく回る滑車に同じおもりをつるして，つりあ
わせておく。はじめ，手で初速度を与えるとほぼ等速
度でおもりは運動する。このとき，おもりに働く力は
つりあっているといってよいだろうか。

(2)　次に，おもりが重い（$M$）とき（実験A）と，
軽い（$M'$）とき（実験B）とでは，あとから同じおも
り$m$をつるしたとき，どちらの速度変化が大きいか。

予想

(ア)　どちらも同じ

(イ)　Aの方（重い方）が，速度変化が大きい

(ウ)　Bの方（軽い方）が，速度変化が大きい

予想を立てたら，討論をして，実験で確かめよう。

〔練習問題5-5〕

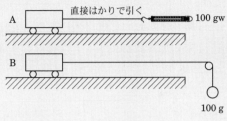

A 直接はかりで引く 100 gw

B

100 g

図5-10

図5-10で, AとBの場合, どちらの方が速くなる
か。

予想

（ア） A （イ） B （ウ） 同じ

Bは100 gwの重力で, おも
りと台車の両方を引っぱる
から。（ア）

## 話5-2　ニュートンの運動方程式

**速度変化に逆らう質量（慣性質量）**

オートバイとトラックを比べると, トラックのよう
に重い方が, 動き出しにくいし, 止まりにくい。つま
り運動が変化しにくい。

車に2倍の力が働けば2倍の速度変化を生ずるが,
車を2倍重くしてやれば, 速度変化は同じになってし
まう。つまり, 質量が2倍になって, 2倍の速度変化
をちょうど打ち消してしまうわけである。式に表す
と, 次のように書くことができる。

$$a = \frac{F \cdots 速度変化をさせる力}{m \cdots 速度変化に逆らう（速度を持続する）質量}$$

落下法則が質量にまったく関係のない法則であるわ
けは, 加速の原因となる重力が, 加速に逆らう質量に
いつも比例していて, 加速する分だけいつも加速を妨
げてしまうためである。

### 運動方程式（ニュートンの運動の第2法則）

$$ma = F$$

上の式にあわせて力の単位を決めよう。1 kgの物体に，1 m/s$^2$の加速度が生ずるような力の大きさを1 N（ニュートン）と呼ぶことにする。

$$1 \, \text{kg} \times 1 \, \text{m/s}^2 = 1 \, \text{N}$$

1 kgの物体に働く重力の大きさは，重力加速度が9.8 m/s$^2$なので

$$1 \, \text{kg} \times 9.8 \, \text{m/s}^2 = 9.8 \, \text{N} = 1 \, \text{kgw}$$

重力加速度を $g$[m/s$^2$]とすれば，$m$[kg]の物体に働く重力は $mg$[N]である。

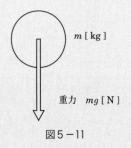

$m$[kg]

重力 $mg$[N]

図5-11

# 6章

# 向きを変える力と慣性運動の直線性

## 運動の形を生み出す原理

---

## 1 ねらいと解説

### 1 驚くほど出来が悪い問題

　すでに,「序章　力学を学ぶ意味」〔問4〕〔問5〕(p.5) で述べたように,「振れている振り子の最下点で,糸の張力 $T$ と重力 $W$ はどちらが大きいか」とか,「等速円運動している物体に働く力」を尋ねた問題では高校生のみならず大学生も驚くほど出来が悪い。

　このようなタイプの問題にたいして,彼らが誤った判断を下すのはおもに次のような判断に基づくからであろう。

(ⅰ)「車がカーブするときは必ず遠心力が生じる」

　この言葉は身近な乗り物の経験から常識化している。たしかに車の中にいる人は遠心力(慣性力)を感ずるが,彼らは観測系に関係なくどこから見ても遠心力が働き,この力は曲線運動に必ず付随する力だと判断してしまう。これが非慣性系から見たときのみに生じる力だとは考えない。

(ⅱ)「つりあったままカーブする」,「等速円運動には加速度はない」

　彼らがこう考えるのは,円運動などの曲線運動の形をあらかじめ与えられたものとして判断するからである。「運動の形が力によって作られる」とは考えない。形そのものが前提になっている。

(ⅲ)「等速度でも前向きに力が働く」

　さらに運動する向きに必ず力が働いているという考えはここでも根強い。

## 2 形を生み出す原理を

　高校生・大学生のこのような誤りは，「向きを変える力」と「慣性運動の直線性」が，意識的に教えられていなければ当然のことである。

　歴史的に見ても，慣性の法則を発見したガリレオ自身がその直線性を明確に把握していなかった。地上での水平運動が直線であっても天体規模に拡大すると，それは円の一部となる。だから，ガリレオの慣性の法則は天体では等速円運動であった。アリストテレスは円運動が完全な自然運動と考えていたし，古代ギリシャ以来，天体の運動を円という "形" を原理にして考える見方はまったく疑われることがなかった。コペルニクスも例外ではなかった。慣性運動の直線性を明確に指摘したのはデカルトである。円という "形の原理" を投げ捨て，惑星運動が直線運動からずれるのを，太陽からの力の作用によって説明しようとしたのはケプラーであった。デカルト，ケプラーの役割があったから，ニュートンは万有引力の法則の発見ができたのである。このように，ケプラーからニュートンに至る過程には "形をそのまま原理にする見方" から，"形を生み出す原理" つまり "形成の原理" の追究という重要な飛躍があったことを見逃すことができない。

　ニュートンの運動方程式 $m\vec{a} = \vec{F}$ はベクトル方程式で "形成の原理" を表している。これを2つに分けて考えると，「速さを変えるのも力だが，運動の向きを変えるのも力である」ということになる。

$$
\text{力}\left\{\begin{array}{l}\text{速さが変わる}\\\text{向きが変わる}\end{array}\right. \qquad \text{慣性運動}\left\{\begin{array}{l}\text{速さが変わらない}\\\text{向きが変わらない}\end{array}\right.
$$

　だからこの章では「向きを変える力」に視点を絞り，それでもって，"形を生み出す原理" の把握をめざしたい。

## 3 円運動を中心への "落下" として扱う

　力学を習う前の高校生に，「等速円運動をしている物体は加速度運動をしているか」と聞くと，ほとんどすべてが加速度はないと答える。等速円運動という等速のただし書きに戸惑うだけでなく，いつも半径一定で動いているので中心向き

に加速しているようには思えないのである。いくらベクトルを使って中心向きの加速度を導きだすことを習っても，インチキくさく思うようだ。

　私自身，高校時代に等速円運動なのにどうして中心向きに加速度が生じるのか，どうもしっくりとしなかった。放物運動と円運動が同じ原理 $m\vec{a} = \vec{F}$ によって生じると習ったはずだが，まったく別ものとしてしか理解できず，それぞれの公式をバラバラに覚え込んだ。この問題が一気に氷解したのは，私が教師になってから「月は地球に落下している」というニュートンの着想を知ってからである。

（慣性運動）→（放物運動：向きを変える力と加速度）→（月の落下）→（等速円運動）

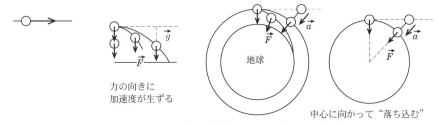

力の向きに
加速度が生ずる

中心に向かって"落ち込む"

図6-1　直線運動→放物運動→その延長上に円運動

　等速円運動というのは「絶えず中心に向かって"落ちている"」と考えればよい。図で示すと図6-1のようになる。こう考えると，円運動に中心向きの加速度があるのは当り前であるし，放物運動と円運動の本質的なつながりが見えてくる。天体と地上の物体の運動の区別も必要ない。要は，「向きを変える力」と「慣性運動の直線性」の視点から「どのように運動が形成されるか」がわかればよいわけである。こうすれば，放物運動や円運動の本質的なつながりだけでなく，天体の運動が楕円になることも（楕円になることは後述）自然に理解できるようになるであろう。

　こうすることによって初めて運動の形は力によってつくられるということが浮きぼりになってくる。$m\vec{a} = \vec{F}$ を使っていきなり放物運動や円運動の特別な形を教えても，私が高校時代に感じたように，一向に"形を生み出す原理"の有効性はつかめないのではないか。

## 4 ケプラーの法則

　ケプラーは火星の速さはどうみても一様でない，太陽に近づけば速くなり，太陽から遠ざかるほど遅くなるという事実に注目していた。いきなり周期という積分的な考えを使わず，刻々と変わる惑星の公転速度 $v$ と太陽からの距離 $r$ とは $rv = $ 一定として微分的にとらえようとした。はじめは太陽を円の中心から偏心させることから始めた。さらに軌道は卵型ではないかと苦心した挙句，ついに楕円にたどりついた。〈話 6 - 5〉（p.138）で述べたように，地球軌道や火星の軌道を三角法によって求める方法は注目に値する[1]。

　こうして同一惑星の運動について発見されたのが「太陽は楕円の焦点の一つにあり，惑星は楕円軌道を描く」（ケプラーの第1法則）というものであり，面積速度一定の法則（角運動量保存の法則）（ケプラーの第2法則）であった。これは形を作り出す原理でとらえることに他ならない。これが円という形をつき破った。

　異なる惑星に関する第3法則も，太陽から「遠い星ほど遅くなる」という考えを貫き通した結果得られたものである。ケプラーは各惑星を比較するにも，刻々と変わる太陽からの距離 $r$ と太陽から見た1日に動く微小角度（角速度）の関係でとらえようとした。ケプラーは，チコ・ブラーエの詳細で正確な観測データをもとにして，角速度 $\omega$ の最大値と最小値を比較することを通して（これを和音で表現した），$r^3\omega^2 = $ 一定 という結果を得ていたと考えられる[2,3]。

　そして，刻々と変わる $r$ や $\omega$ を，平均値で置き換えたところにケプラーの第3法則発見のカギがあった。つまり，楕円上 $r$ の平均は長半径 $a$ であり，$\omega$ の平均は半径 $a$ の等速円運動の速さ $v_0 (a\overline{\omega} = v_0)$ で置き換えられる。そうすれば，

$$\overline{r^3}\,\overline{\omega^2} = a^3\overline{\omega^2} = av_0^2 \propto a^3/T^2 = 一定 \quad (\because v_0 T = 2\pi a)$$

となる。

　こうして発見されたケプラーの第3法則は，エネルギー保存法則を表すものだった（次の囲みを参照）。

## 楕円運動を長半径の等速円運動で置き換える
## ケプラーの第3法則はエネルギー保存法則

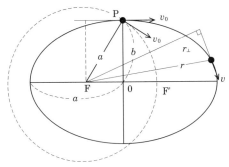

F, F′；楕円の焦点
$a, b$；楕円の長・短半径
$v$；楕円上の任意の点の速度
$r$；動径
$r_\perp$；$r$の$v$に対する垂直成分
$T, T_0$；楕円上，円上の周期
（図6-3）

図6-2

　楕円上のP点と同じ速度$v_0$の等速円運動を考える。（中心は楕円の焦点F，楕円の長半径$a$を半径とする円）

　面積速度一定の法則より，

$$\frac{1}{2}r_\perp v = \frac{1}{2}bv_0 = h_0(一定).$$

　周期$T$は

$$T = \frac{\pi ab}{(1/2)r_\perp v} = \frac{\pi ab}{(1/2)bv_0} = \frac{2\pi a}{v_0} = T_0$$

　ゆえに，長半径が同じならばどんな楕円（円を含む）でも周期は同じである。

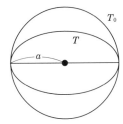

図6-3　周期はみな同じ

　だから**長半径 $a$ の楕円上の周期 $T$ を半径 $a$ の円上の周期 $T_0$でおきかえてもよい**（図6-3）。

### ケプラーの第3法則　$T^2 \propto a^3$ の証明
　楕円の性質　半通径（半直弦）：$l = b^2/a$を使うと[4]，
$$T^2 = (\pi ab/h_0)^2 = \pi^2 a^2 b^2/h_0^2 = (\pi^2 l/h_0^2)a^3.$$
$$\therefore \ T^2 \propto a^3.$$

この関係は，$T = 2\pi a/v_0$ より，

$$av_0^2 = c\,(一定) \quad \leftrightarrow \quad v_0^2 = c/a$$

となる。

したがって，どんな惑星の楕円運動も，長半径 $a$ を半径とする速さ $v_0$ の等速円運動で置き換えてもよいことを示している。

ここで，$v_0^2 = c/a$ は惑星の運動エネルギー $(1/2)mv_0^2$ が $1/a$ に比例した引力ポテンシャルを表すと考えれば，エネルギー保存法則を表すということができる。

注
1）武谷三男「ケプラーが遊星の運行の法則をつかむまで」『科学入門』，勁草書房，1966
2）アーサー・ケストラー，小尾信弥・木村博訳『ヨハネス・ケプラー』，河出書房新社，p.300
3）E. J. エイトン，渡辺正雄監訳『円から楕円へ』，共立出版，p.40
4）半通径（半直弦）：$l = b^2/a$ の説明
　図6－4より
　楕円の特徴　　　$l + F'L = 2a$　　　　　　　　①
　直角三角形F'FL　$l^2 + (2c)^2 = (F'L)^2$　　　　　②
　①式のF'Lを②式に代入すると，
$$l^2 + (2c)^2 = (2a - l)^2$$
$$\therefore \quad l = \frac{a^2 - c^2}{a} = \frac{b^2}{a} \qquad (\because b^2 + c^2 = a^2)$$

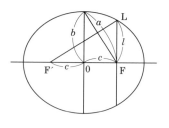

図6－4

## 2 向きを変える力と慣性運動の直線性

〔問題6−1〕

ターンテーブルの上に図6−5のような枠をとりつけ，おもりを上から糸でつるして振り子にする。今，振り子を枠と同じ方向に振らせておいて，ゆっくりテーブルを回したら，振り子の振れる面はどうなるか。

予想

（ア）枠と同じように振り子の振れる面も動いていく

（イ）枠が動いても，振り子の振れる面は変わらない

（ウ）その他

どうしてそう思うか，討論してから実験しよう。

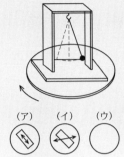

図6−5

（イ）

〔問題6−2〕

地球の北極に何時間も振れ続けるような振り子を作り，はじめ日本の方に向けて振らせる。3時間ほどたつと，この振り子の振動面はどちらの方を向いていると思うか（図6−6）。

予想

（ア）振り子はハワイの方に向けて振動する

（イ）振り子は中国・インドの方に向けて振動する

（ウ）振り子はずっと日本の方に向けて振動する

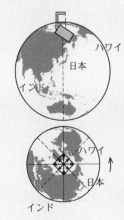

図6−6

〔問題6−2〕（イ）

〔問題6−3〕

ここに，数時間は振れつづけるように工夫した振り子がある。はじめ，真北に向けて振らせた振り子の振動面は30分ほどたつとどうなると思うか。

予想

（ア）　振動面は変わらない（南北方向）

（イ）　上から見ると時計まわりに振動面が変化する

（ウ）　上から見ると反時計まわりに振動面が変化する

　予想を立て，討論をした後，〈話6−1〉を読もう。実験装置があれば確かめよう。

（イ）

## 話6−1　地球自転の証明──フーコー振り子

　〔問題6−3〕の実験を世界で初めてやった人は，フランスの科学者フーコーである（1851年）。この実験で初めて地球の自転が証明された。この実験でもわかるように，ものには速さだけでなく，その向きもそのまま一定に保とうとする性質がある。だから，慣性の法則は，正確には，「外から力が加わらない限り，物体はいつまでも同じ速さでまっすぐ運動を続ける（等速直線運動）」ということができる。フーコーはこの慣性運動の直線性を，地球自転の証明に大変うまく利用した。もし地球が自転しているなら，振り子の振動面はいつまでも変わらないのだから，動く地上にいる人にとっては，反対に振り子の振動面がだんだん回転していくように見えるはずである。北極でやれば，1日に1回転するはずである。北極でなくても赤道以外なら少しは回転するはずである。フーコーは，パリのパンテオン寺院のドームに長さ67 mの鋼線に質量28 kgの鉄球をつけた大きな振り子をつるし，静かにゆらせた。たくさんの人々が見守るなか，振り子の振動方向はしだいに時計まわりに回転していった。これは地球自転のみごとな証明だった。

　図6−7を見よう。日本（A点）で真北に振り子を

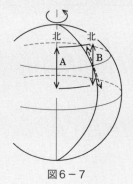

図6−7

振らせる。数時間後に自転してB点にきたとき、振り子の振動面はAの方向と少しも変わらない。B点での南北は破線の方向であり、地上の人から見ると、振り子の振動面は時計まわりに回転していることがわかる。

　台風の進路が北半球では右へそれるのも、まったく同じ理由である。赤道付近で発生した台風が北上しはじめると、台風は慣性の法則でまっすぐ進む。それを地上から見ると、右へそれていくように見えるのである。振動面、回転面が変わらないという性質は、自転車の車輪やジャイロコンパスなど多方面に応用されている。

〔問題6-4〕

　図6-8のように、ターンテーブルの上に中心から糸でつるしたおもりがのせてあり、テーブルといっしょに等速で回転している。P点で糸をカミソリで切ったら、おもりは図の（ア）〜（エ）のどちらへ飛んでいくか。テーブルの外から見ているとする。

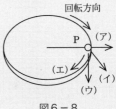

図6-8

　予想

　　（ア）　　　（イ）　　　（ウ）　　　（エ）

　討論をして実験しよう。

（ウ）

〔問題6-5〕

　図6-9のように、振り子が振れているとき、最下点では糸の張力 $T$ と重力 $W$ はどちらが大きいか。

　予想

　　（ア）　　$T > W$

　　（イ）　　$T = W$

　　（ウ）　　$T < W$

　討論をして実験しよう。

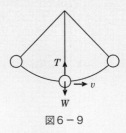

図6-9

（ア）

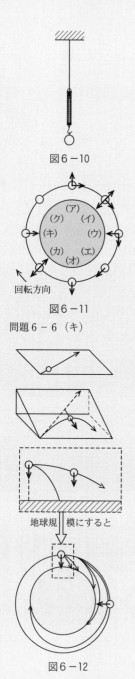

図6－10

図6－11

問題6－6（キ）

回転方向

図6－12

地球規模にすると

〈実験の方法〉

　図6－10のように2.5N（250g）用透明ばねはかり
に100gほどのおもりをつけ，全長1mほどの振り子
を作って全体を振らせ，静止しているときに比べて，
最下点でのはかりの目盛りの変化をみるとよい。

〔問題6－6〕

　地球のまわりを人工衛星が等速で円運動をしてい
る。

　地上からみて，人工衛星に働く力は，図6－11の
（ア）～（ク）のうちどれが正しいと思うか。

　予想

　（ア）（イ）（ウ）（エ）（オ）（カ）（キ）（ク）

　討論の後，〈話6－2〉を読もう。

## 話6－2　ニュートンの偉大な発想

　ニュートンは，放物運動を図6－12のように地球規
模に拡大して考えた。つまり，月が地球のまわりをま
わるのは，実はリンゴと同様，月が地球に落下してい
るためであり，それが地上に落ちてこないのは，地球
が丸いためだと考えた。地上のリンゴの放物運動は重
力一つを考えるだけでよいように，月が地球をまわる
運動も重力一つを考えるだけでよい。天体の運動も地
上の物体の運動もまったく同じ法則に支配されている
というのである。これが，有名な万有引力の発見であ
った。リンゴと月の運動の違いは，初速度の違いだけ
である。だからリンゴでもどんどん速くしていけば，
ついに地上に落ちてこないようになり，人工衛星にな
るというわけである。さらに速度を増していくと，楕
円軌道になり，ついには地球の引力圏を脱出して永遠

に地球にもどらないようになる。

## 話6-3　等速円運動の場合の加速度と力を求める

図6-13から，短い時間 $t$ の間に，力が働かなければA → Bまで $vt$ だけ進むはずのものが，実際は中心向きの力が働くためにB → Cへ $x$ だけ自由落下したと考えられる。加速度を $a$ とすると

$$x = \frac{1}{2}at^2 \qquad ①$$

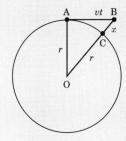

図6-13

△ABOで，ピタゴラスの定理を使うと，

$$r^2 + (vt)^2 = (r+x)^2 = r^2 + 2rx + x^2 \qquad ②$$

ここで，$r$ に比べて $x$ が小さい（$t$ が小さければ，$x$ は小さい）と，二乗の項 $x^2$ は省略でき，

$$(vt)^2 = 2rx. \qquad ③$$

③式の $x$ に①式を代入すると，

$$(vt)^2 = 2r\left(\frac{1}{2}at^2\right) = rat^2$$

$$\therefore \quad a = \frac{v^2}{r}.$$

こうして，中心への落下から等速円運動の加速度が得られる。

　向心力（中心向きに働く力）は，ニュートンの運動方程式 $ma = F$ より，

$$m\frac{v^2}{r} = F.$$

〔練習問題〕

　地上スレスレに，水平に石ころを投げて地面に落ちないようにしたい。どれだけの速度で投げればよいか（人工衛星になる速度：第一次宇宙速度という）。石こ

〔練習問題〕解

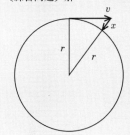

図6-14

1 s間に

$$v^2 + r^2 = (r+x)^2$$

$x \ll r$ なので

$$v^2 = 2rx$$

$$= 2 \times 6.4 \times 10^6 \times 5$$

$$v = 8 \times 10^3 \,\text{m/s} = 8 \,\text{km/s}$$

〈人工衛星になる速さ〉

〔練習問題〕別解

重力 = 地表での向心力

$$mg = mv^2/r$$

$$\therefore v^2 = gr$$

$g = 10 \,\text{m/s}^2$ とすると

$$v^2 = 10 \,\text{m/s}^2 \times 6.4 \times 10^6 \,\text{m}$$

$$\therefore v = 8 \times 10^3 \,\text{m/s}$$

ろは 1 秒間に 5 m 落ちることを利用するとよい。

$$r = 6400 \text{ km}, \quad x = 5 \text{ m}$$

〔補足問題〕

弧度法（ラジアンrad）で等速円運動の様子を表そう。

次の空白の中に適当な式や値を入れながら考える。

まず，角度は度ではなく，ラジアンという数値で表される。ラジアンは次のように角度 $\theta$ を半径 $r$ に対する弧の長さ $l$ の比で定義されている。

$$\theta = l/r$$

次の角度は何radか。

360度（　　）rad，　180度（　　）rad，

　90度（　　）rad，　　1度（　　）rad

さて，速さ $v$，$t$ 秒間に回転した角度 $\theta$，移動した弧の長さ $l$，角の回る速さ（角速度）$\omega$，周期 $T$，1 秒当たりの回転数 $n$ の等速円運動を考えよう（図6－15）。

加速度 $a$，向心力 $F$ として，（　　）を埋めよ。

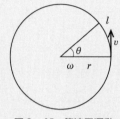

図6－15　等速円運動

360度 … $2\pi r/r = 2\pi$ rad
180度 … $\pi r/r = \pi$ rad
　90度 … $(\pi r/2)/r$
　　　　$= \pi/2$ rad
　1度 … $\pi/180$ rad

| $l = r\theta$ | |
|---|---|
| $vt = l$ | $\omega t = \theta$ |
| $v = r\omega$ | |
| $vT = 2\pi r$ | $\omega T = 2\pi$ |
| $a = v^2/r$ | $a = r\omega^2$ |
| $F = mv^2/r$ | $F = mr\omega^2$ |

$n = 1/T$

| $l = r\theta$ | |
|---|---|
| $vt = ($　　$)$ | $\omega t = ($　　　$)$ |
| $v = ($　　　　$)$ | |
| $vT = ($　　$)$ | $\omega T = ($　　　$)$ |
| $a = ($　　$)$ | $a = ($　　$)$ |
| $F = ($　　$)$ | $F = ($　　$)$ |

$$\frac{1 \text{sあたりの回転数}}{1 \text{回転に要する時間}} = \frac{n}{1} = \frac{1}{(\quad)}$$

弧度法の便利なところは，遠くの塔の高さ $h$ を知りたいとき，塔からの水平距離 $r$ がわかっている観測地点から見た角度 $\theta$ ラジアンを測るだけで，式

$r \times \theta = h$ から塔の高さが求まるというもの。便利な測量法の一つである。

　ベクトルの微小変化量は，その大きさに微小角度 $\theta, \omega$ をかければよい。図6 -16（1），（2），（3）を見て，上の空白に入れた式をベクトル表現で確かめよう。

（1）$r \cdot \theta = l \to h$　（2）$r \cdot \omega = v$　接線向き

（3）$v \cdot \omega = a$　中心向き

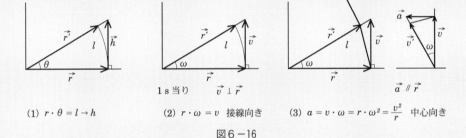

$\theta, \omega$ 微小

(1) $r \cdot \theta = l \to h$　　(2) $r \cdot \omega = v$　接線向き　　(3) $a = v \cdot \omega = r \cdot \omega^2 = \dfrac{v^2}{r}$　中心向き

1 s 当り　　$\vec{v} \perp \vec{r}$　　　$\vec{a} \,/\!/\, \vec{r}$

図6 -16

## 話6-4　交通安全教室——カーブの曲がり方

　車はカーブする手前でスピードを落とさないと，おそろしい交通事故につながる。カーブするとき，地面から受ける向心力（タイヤと地面のまさつ力）には限度があり，それを超すと，車はスリップしてまっすぐ慣性運動をはじめる。このとき，ハンドルもブレーキもきかない。法則どおりまっすぐ人や建物などに突っ込むだけである。こうした事故は暴走運転や雪道でのカーブでおきやすい。すでに「速度が2倍になると4倍すべって止まる」（制動距離）ということを習ったが，カーブを曲がる場合も「速度が2倍になれば4倍曲がりにくくなる」し，急カーブになれば半径に反比例して曲がりにくくなる。速度が2倍になると，「止まりにくさ」も「曲がりにくさ」も単純に2倍になる

と思う人がいたら，それはとんでもないことである。車は物理法則どおりに動く。だからカーブの手前でスピードを落とすこと，これが安全運転の秘訣である。

電車など，カーブではレールの外側を高くして向心力を得るための特別な工夫がしてある。自転車でカーブするとき，内側に傾けて曲がるのも向心力をうるためである。

### 話6−5　円をすてて楕円へ——ケプラーの3法則

ガリレオやケプラーの時代には，火星の明るさの変化，金星の満ち欠け，惑星の公転周期など，コペルニクスの地動説を支持する多くの決定的証拠があがってきたが，残念なことに，コペルニクスの地動説より天動説の方が実際の観測によく一致していた。天動説は実際の観測にあうように次々と周転円をつけ加えていったのだから合うのは当然である。

こうしたコペルニクスの地動説に対して，地動説が間違っているのではなく，円運動の仮定が間違っているのだということを指摘したのはケプラーであった。「天体の運動は円運動がふさわしい」という考えを，古来，誰一人疑った者はいなかった。コペルニクスもガリレオさえもそうであった。ケプラーは「円」という固定観念にとらわれることなく，チコ・ブラーエの正確な観測結果をもとに，実際どのような軌道を描くか確かめるという道を選んだ。

ケプラーは，かねてから惑星の運動は中心にある太陽の作用にもとづく運動であると考えていた。彼の関心は太陽から惑星までの距離 $r$ と惑星の速さ $v$ の関係に絞られていた。観測によると，太陽はどうしても円運動の中心にこなかった。彼は惑星が太陽に近づいた

ときは速く，遠ざかったときは遅く動くと考え，まさ
に楕円運動にその通りの法則が成り立つことを発見し
た。（太陽を1つの焦点とする楕円運動と面積速度一
定の法則，ケプラーの第1，第2法則）

　ケプラーは，地球軌道を決定するために，火星の観
測結果を使った。図6-17のようにS（太陽），E（地
球）M（火星）が一直線上にきたときから，測りはじ
める。Mが一周するあいだ（687日）に，Eは2周
（730日）できずに$E_1$にくる。このとき$E_1$でSとMの
なす角をはかると$\triangle SE_1M$が決まる。同様にして，
$E_2$，$E_3$，…が決まる。作図をすると地球の軌道は円か
らわずかにずれた楕円であった。

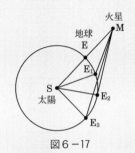

図6-17

　こうして地球の楕円軌道が求まると，SE軌道をも
とにして，火星Mの軌道が求まる。図6-18のように
S，E，Mが一直線上にきたときから，測りはじめる。
火星MはSEの延長線上のどこかにあるはずである。
次に火星がもとの位置に来たとき，求めた楕円上の
$E_1$の位置からSとMのなす角をはかるとMの位置$M_1$
が指定され，$\triangle SE_1M_1$が決まる。同様にして，
$M_2$，$M_3$，…が決まる。火星も楕円軌道を描き，太陽は
楕円の焦点の1つにあった。（ケプラーの第1法則）

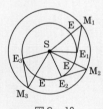

図6-18

　太陽から遠い星ほど遅くなる（周期が長くなる）と
いう関係は，苦心に苦心を重ねた末，ついに周期$T$
の2乗は長半径の3乗に比例する法則として求められ
た。（ケプラーの第3法則）

　簡単のために円運動をしているものとすると，面積
速度一定の法則は，半径を$r$として

$$rv = c（一定） \qquad ①$$

とかけ，等速円運動していることになる。

　第3法則は，　　$T^2 \propto r^3$　　　　②

であるが，次のようにもかける（p.129参照）。

$$rv^2 = c\,(一定)\quad(\because\ vT = 2\pi r)\qquad ③$$

　これは，太陽から4倍遠くに惑星があれば，その速度は半分になるという法則である。コペルニクスやガリレオは太陽より遠い星ほど回転速度が遅くなるということを定性的につかんで，地動説の根拠としたのであったが，ケプラーの第3法則はこれを定量的に明らかにするものであった。③式は今から考えれば，惑星の運動エネルギー$(1/2)mv^2$は，$1/r$に比例しており，重力のポテンシャルエネルギーに関係しているわけで，エネルギー法則を表すものであった。

### 話6－6　万有引力の法則

　ここでも簡単のために月が地球のまわりをケプラーの第3法則を満たしながら等速円運動をしているものとしよう。月の質量$m$，地球の質量$M$，両者の距離$r$とする。

　月の円運動の加速度は

$$a = \frac{v^2}{r} = \frac{c}{r^2}.\quad(rv^2 = c\ :ケプラー第3法則)$$

月が地球から受ける力は

$$F = ma = \frac{mc}{r^2}.$$

この力は地球の質量$M$にも比例するので

$$F = G\frac{mM}{r^2}.$$

$$（G；比例定数で万有引力定数）$$

　ニュートンは，この力はすべての天体に働く力であるだけでなく，月とリンゴとの類似性から，リンゴと地球とのあいだにも，また，リンゴとミカンのような

ごく普通の地上の物体どうしのあいだにも，すべての
ものに働く力——万有引力——があると考えた。ただ
天体の場合は質量が大きいので大きな力となって現れ
るが，身近な物体は質量が小さいので力も小さく人間
の感覚ではそれを気づかないだけだと考えた。自分の
となりにすわっている人とのあいだにも万有引力が働
いているのである。

　後に，キャベンディシュは鉛の玉どうしのあいだに
も万有引力が働いていることを実験で証明し，比例定
数 $G$ の値を測定した。

$$G = 6.67 \times 10^{-11} \ [\mathrm{Nm^2/kg^2}]$$

ニュートンの万有引力の発見によって，質量は二重
の意味を持つことになった。

互いに体重50 kg人が1 m
離れているときの万有引力
の大きさを計算すると
$F = 1.7 \times 10^{-7}\,\mathrm{N}$

$\begin{cases} 慣性の測度としての質量 \quad \cdots\cdots 慣性質量 \\ 万有引力の源としての質量 \cdots\cdots 重力質量 \end{cases}$

また，万有引力の発見によって，天と地はまったく
同じ法則に支配されていることが明らかとなった。

ニュートン力学によれば，慣性質量と重力質量はま
ったく別々に導かれ，偶然一致するものとなっている
が，後にアインシュタインはこれらの質量が本質的に
同じものだということ——これを《等価原理》とよぶ
——を前提にして，一般相対性理論をつくったことを
つけ加えておこう。

# 7章

# 力のつりあいと作用反作用

## 力を見つける

---

## 1 ねらいと解説[1]

私は動力学を教える前に静力学から始める。静力学は，初期の力の概念形成には欠かせない分野である。

### 1 争点を明確にして実験で確かめる

日常使われる「力」という言葉は，「他に作用する筋肉などの働き，エネルギーに似た何かが持つ能力や働きかけ」として，精神的な働きまで含めてよく使われる。こうした力の日常的な概念は，幼い頃の経験から始まって，高校生までで，根強い経験的概念となってしまう。

これに対して，力学で扱う力の概念は日常的・経験的概念とは著しく対立する。このため，物理の中でも特に力学の理解は小中高を通して大変困難なものと思われてきた。経験的概念を放置したまま，いくら正しい結論を押しつけても生徒は納得しない。納得できない結果を覚えるだけでは，彼らが力学を嫌いになるのは当然であった。

しかし，この日常的・経験的な概念と科学的な概念の際立った対立を明確にし，争点を意識的に生徒に示すと事情は一変する。どちらを選べばよいか，生徒一人一人の頭の中に自己矛盾が生ずる。常識的概念が根強いほど葛藤が激しくなる。自然に他の生徒の考えを聞きたくなるし，生徒同士のあいだで議論を呼び起こす。実験で確かめると，「え！どうして？」「そんな馬鹿な！」など驚きの声が上がる。経験的概念があるからこそ，かえって力学は楽しく感動的なものに変わ

る。こうして，生徒が自らの経験的概念を克服できる楽しさを感じ始めればしめ
たものである。

　このことを明確に主張したのは，板倉聖宣であった。彼が提唱する仮説実験授
業の授業書「ばねと力」[2]は小学校段階から力の概念形成をはかろうとしたもの
で，これまで着実な成果を収めてきた。提唱されてからおよそ半世紀以上たっ
た。改めてこの授業書の持つ積極的意味を問い直す価値があるように思われる。

　高校で，この内容を私なりに再構成して授業を行なってきたが，教科書に沿っ
た伝統的な授業に比べてはるかに楽しくかつ力学の理解が深まるように思う。

## 2 動き出しで力を見つける――力の原理の導入

　力は直接目に見えない。私の静力学の授業のねらいは，何よりもこの**見えない
力**を発見することにある。そして**力のつりあいと作用反作用の法則の混同を防ぐ**
ことである。

　そのためには，**物体の「動き出し」と「変形」という目に見える変化を手がか
りとして，これを力発見の原理にしていこう**というのである。

　〔問題７－１〕（扇風機と車の問題 p.150）をやってみよう。

　多くの生徒は「動かない」と予想する。実験をすると，ふたが扇風機に近けれ
ば右に進み，遠ければ左に進む。その中間にはどちらにも動けない位置があり，
条件によってどちらの場合も実現することがわかる[3]。右向きに動くこともあ
る[4]という結果に生徒は大変驚く。いくつかの解説本[5]では「右向きに動くこと
はない」と答えているが，これは誤りである。車が動き出すか否かは，車に働く
力がつりあっているか否かによって決まるのであり，作用反作用の法則によって
ではない。

　生徒の中で，右向きに動く理由をめぐって議論がおきれば，大いにさせるとよ
い。しかしこの授業では，ひとまずその理由に深入りせず，動き出しの事実をも
とに，力の大小を確認するにとどめる。

　そして実験結果を図７－８（p.152）のように整理して，これを〈力の原理〉[6]
と呼ぶことにする。

　本来，**力の概念はニュートンの運動の第２法則** $ma = F$ **の理解を待って完成す
るはずのものであるが，これを静止からの動き出しに限定し，動き出しがあるか**

否かで，力を発見しようというのが力の原理である。

　高校生ともなると，「何だ。こんなこと当たりまえではないか」と思う生徒も少なくない。しかし，単に知っているということと，意識的にこの原理が使いこなせることとは別である。

　力の原理の確認として次のような質問をする。「クリップは磁石に引かれる。では反対に，クリップを近づけると，磁石はクリップに引き寄せられるだろうか」と（〔質問7－1〕p.152）。予想を聞くと，磁石は動き出さないという生徒が少なからずいる。実験後，「磁石が動いたのは力を受けたからではない。自分の磁力でクリップに飛びついた」と，真っ向から「磁石が力を受けて動き出した」という力の原理を否定する意見が出るときもある。

## ③　生徒が書く力の矢印

　生徒が力の原理をいかに意識的に使おうとしないかは，〔問題7－2〕（p.154）のように，「ばねでつるしたおもりが受けている力」を書かせてみると一層はっきりする。

　それと同時に，生徒が力についてどのような捉え方をしているか，彼らのもつ前概念や誤概念，克服すべき問題が何であるかが明らかになってくる。

　力学未習の高校生は実にさまざまな力の矢印を書く。単純に力の原理を使って考えれば「おもりが静止しているのは，上向きと下向きの力を受けているから」で，簡単に正解，図7－1（ケ）が得られそうなものである。しかし，彼らの正解はきわめて少ない。

　そのおもな特徴を分析すると，次の5点を指摘することができる。

### （1）物に力を書き込まない

　まず，図7－1（a）のように，おもりやばねに力を書き入れず，その横に矢印を書くケースである。この力はどういう力かと聞くと，「ばねが縮もうとする力」とおもりが「落ちようとする力」がつりあっているという。なるほど，これらの力はおもりに働いていないので，おもりには書きこめない力だったのである。

### （2）あいまいな着目物体

生徒が平気で着目する物体を無視してしまうのは，力はいつも「出すもの」「及ぼすもの」という能動形で力を表す習慣がついているからだと思われる。着目する物体がおもりである以上，おもりが受ける力（受動形）を書く必要がある。この切り替えができないのである。物体は必ず何かから力を受ける。「何が」「何から」受ける力かをきちんと押さえたい。

「力は受けるもので，出すものではない」と強調した方がわかりやすいようである。

少なくとも，着目する物体とそれが受ける力が明確にならない限り，物体が静止しているか，動き出すか，力の原理による判定は不可能である。

### （3）物に力の代わりをさせる

生徒が描くさまざまな矢印の例

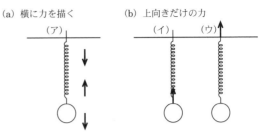

(a) 横に力を描く　　　(b) 上向きだけの力

(c) 下向きだけの力

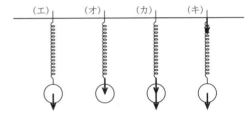

(d) 上、下2つの力

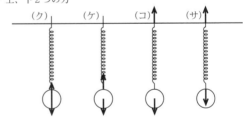

(e) 上、下3つ以上の力

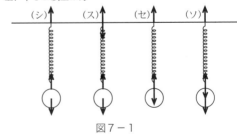

図7－1

図7－1（b）（c）では，おもりは上または下向きだけの力を受けていて，そうなると力の原理によれば，どちらかに動き出すはずである。

ところが多くの生徒は，図（b）では，上向きの力とつりあうのは「おもり」

であり，下向きの重力が必要だとは考えない。図（c）では，下向きの力とつり
あうのは「ばね」であり，ばねが上向きの力の代わりをしてしまう。

　このように，「おもり」や「ばね」という物に力の肩代わりをさせ，平気で
「もの」と力をつりあわせてしまうのである。

## （4）力は物を通して自由に移動する

　図7－1（d），（e）は，上下2つの力，3つ以上の力を書く例である。この
場合，多くの生徒は，「ばねは力を伝えるだけ」だと考えていることがよくわか
る。つまり，「おもりがばねから受ける上向きの力」（イ）が，ばねを介して，
「ばねが天井から受ける上向きの力」（ウ）にスライドしてしまう。ばねの代わり
に糸でおもりをつるすと，この傾向は著しく増加する。糸は単に物を吊るしただ
け，力を伝える役割しか果たしていないと考えるのである。

　生徒にとって，力は持っているもの，外に出すもので，エネルギーのように物
を通して自由に移動し，伝わるものである。この力の自由な一人歩きが，着目す
る物体を平気で無視することにもつながっている。

　重力，電磁気力以外は，直接物と物が接するところで力を受ける（近接作用）。
「何が」「何から」「受ける力」か，つまり力の作用点を明確にすることが力の自
由移動を防ぐことになる。

## （5）「おもり」と重力と質量の未分化

　多くの生徒が考える下向きの力は重力だけとは限らない。「おもりが落ちよう
とする力」，「おもりの力」，「重さの力」なども含まれている。

　地上では，すべてのものは支えたりしなければ必ず下へ落ちる。外から下向き
の力を受けているからだ。これが力の原理である。決しておもり自身の性質では
ない。この力は万有引力または重力といわれる。万有引力は質量のあるものなら
例外なく，引きあうという力で，お互いの質量に比例する。質量はどこへ持って
いっても変わらない物質固有の量である。力はベクトル量で，矢印で表すことが
できるが，質量はスカラー量で，矢印で表すことができない。地上では，地球か
ら受ける重力の大きさは物体の質量に比例し，物体の重心から書くことを説明
し，併せて質量と力の単位を説明する。

　いまだに多くの教科書は「重さは重力である」と説明しているが，これは無理なこじつけである。重さという言葉は重力と質量の未分化概念でそのどちらの意味にも使われる。むしろ重さで質量を表すケースの方が多い。力の矢印で書けるものを生徒に無理に重さといわせるよりも，はっきり重力という力だといえばよい。

　このように，生徒に力を書かせるだけで，彼らのもつ前概念や誤概念が明確となり，力の原理を使って考えることの重要性が浮き彫りになってくる。

## 4　変形で力を見つける

　〔質問7−3〕（p.157）は，すでに「序章 原子論的自然観と力学」の〔問6〕（p.19）で述べたとおりである。多くの大学生が抗力の実在を信用していない。

　力のつりあいが単なるつじつま合わせの論理ではなく物理的に根拠のあるものとして確信できるためには，やはり，目に見えるばねの変形から，力を発見できることが必要である。ばねを手がかりにして，一見変形していないように見える抗力や糸の張力を発見させようというのである。

　物質のばねモデルは，力のつりあいに物理的根拠を与えたのみならず，力の直観的なイメージ化を可能とした。そして，「すべてのものはばねの性質を持っている」という物質の物性的機構を明らかにすることにもなった。

　〔問題7−4〕（p.158）の後に出てくる岩波映画「力のおよぼしあい」は物体の変形を光弾性で見るもので，大変素晴らしい内容である。現在は「楽しい科学教育映画シリーズ」DVD版[7]として市販されており，静力学だけでなく，「動きまわる粒」をはじめ，珠玉の作品集である。ぜひ購入を薦めたい。

　物体が受ける力の大きさはばねの伸びをみればわかる。おもりをばねにつるしたとき，重力が2倍になれば，それとつりあうまでばねはのびて，おもりがばねから受ける力も2倍になる（フックの法則）。ばねはかりはばねの伸びを力測定器として利用したものである（話7−3）（p.156）。

　ばねはかりは，力測定器であるが，重力を利用すれば質量測定器にもなる。**肉の「重さ」をはかりで測るとよくいうが，これは重力とつりあう力を利用して，ものの質量を測っているのである。買った肉の重さに向きはない。**

## 5　作用反作用の法則と分割の任意性

〔問題7－4〕（p.158）は力の原理を使って，壁からの反作用があることを気づかせる問題である。

Bのばねの伸びが半分になると予想する生徒は，力の原理よりも，おもりの数にとらわれるからであろう。一見変形していないように見える壁でもばねから力を受ければわずかに変形しており，ばねは壁に引っぱられる。

力を書くと〈図7－2〉，Bのばねも壁から力を受けてつりあい，Aのばねと同じ伸びになることが一目瞭然となる。

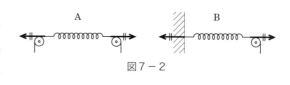

図7－2

〔問題7－5，7－6〕（p.158, 159）は，力の原理を使って作用反作用の法則を導き，力のつりあいと作用反作用との違いを明らかにする問題である。

ばねの伸びはすべて同じだと，論理を立てて予想する生徒も結構多くなる。力を書くと〈図7－3〉，ばねB, Cをひとまとめにしたときは，

$$\vec{F}_c + \vec{F}_B = 0$$

ばねBが受ける力は

$$\vec{f}_B + \vec{F}_B = 0$$

ばねCが受ける力は

$$\vec{F}_c + \vec{f}_c = 0$$

ゆえに，作用反作用の力は

$$\vec{f}_B + \vec{f}_c = 0$$

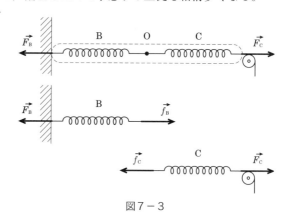

図7－3

ここで注意を要するのは，$\vec{f}_B$の力はばねBに，$\vec{f}_c$の力はばねCに働いていることである。作用反作用の法則の理解には，ばねB, CのつなぎめO点で$\vec{f}_B$と$\vec{f}_c$の力の作用点がB, Cどちらのばねに属し，どちら向きか，がわかることが決定的に重要である。これがわかれば，作用反作用の力$\vec{f}_B$と$\vec{f}_c$はばねBとCの相互の関係を述べるもので，力のつりあいとは関係のないことがはっきりする。

　この問題では，物体を分割してもまとめてもよいことを前提として，作用反作用の法則を導いた。逆に考えると，作用反作用の法則が成り立てば，系を任意に分割してもまとめても一向にかまわない。つまり，作用反作用の法則は系の取り方の自由を保証する法則なのである[8]。

　力のつりあいと作用反作用の法則の違いをめぐる混乱は生徒だけでなく，著名な解説本[9]にも見受けられる問題であることを指摘しておきたい。

　**要するに，私の静力学の授業のねらいは直接目に見えない力を発見させることにある。そのためには，目に見える物体の「動き出し」と「変形」を手がかりとして，これを力発見の指導原理にし，力のつりあいと作用反作用の法則との混同を防ごうというのである。**

　**物体が動き出すか否かは，着目物体に働く力がつりあうか否かで決まるのであり，物体間の相互関係を述べる作用反作用とは直接関係がないのである。**

注
1）この〈ねらいと解説〉は，「こう教えればもっとわかる“力の概念”」『パリティ』丸善2004.6から少し形を変えて掲載した。共著『学ぶ側から見た力学の再構成』には，静力学の部分を他の共同執筆者にまかせ，私の実践は掲載しなかった。
2）板倉聖宣・上廻昭『仮説実験授業入門』，明治図書，1965
　板倉聖宣『仮説実験授業〈ばねと力〉によるその具体化』，仮説社，1974
3）Robert Beck Clark,"The Answer is Obvious. Isn't It?", THE PHYSICS TEACHER 24, p.39 (Jan. 1986)
　愛知・岐阜物理サークル編著『いきいき物理わくわく実験1（改訂版）』，日本評論社，2002，p.122
4）右向きに動くことは，次のように考えることができる。
　今，扇風機の羽根が単位時間に送り出す空気の質量を $m$, 風速を $v$ とする。羽根はその反動で $-mv$ の力積を受ける。一方，送り出す空気がすべて菓子箱のふたに当たって $-mv'$ ではねかえれば，ふたが受ける最大の力積は，$mv'+mv$ となる。だから，ふたの方が羽根より大きな力を受けて，車（羽根とふたは車と一体となっている）が右へ進むことも可能なわけである。ふたを遠くへずらせば，ふたに当たる空気の質量，速さが小さくなり，車が動かない場合も，左に動く場合も起きることになる。
5）田中実『科学パズル』，光文社，1968，p.81-82
　都筑卓司『新・パズル物理入門』，講談社ブルーバックス，1972，p.15-27
6）川勝博・三井伸雄・飯田洋治『学ぶ側からみた力学の再構成』，新生出版，1992
　力の原理は仮説実験授業「ばねと力」で導入された原理だが，そのままではなく，ニュートンの運動法則に見合った形に手直してある。
7）DVD版 岩波科学教育映画選集「力のおよぼしあい」，『楽しい科学教育映画シリーズ』全8巻，vol. V静力学編（2）
8）富山小太郎『物理学への道』，岩波書店，1974，p.146「作用反作用の法則」
9）都筑卓司『新・パズル物理入門』，講談社ブルーバックス，1972，p.15-27

## 2 力を見つける──力のつりあいと作用反作用

### 1 力の原理

〔問題7－1〕

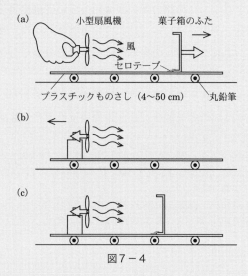

図7－4

　図7－4（a）のように小型扇風機で菓子箱のふた
に風を当てると，車は右へ動く。

　（b）のように車に固定した扇風機で風を送ると，
車は左（風の進む向きと反対向き）に動く。

　では（c）のように車に固定した扇風機で風を送り，
その風を菓子箱のふたに当てると車はどちらに動くか？

　予想

　（ア）右向きに動く

　（イ）左向きに動く

　（ウ）動かない

　（エ）条件によっていずれの場合も起こる

予想を立てたら，討論をして実験をしよう。

〈実験の方法〉

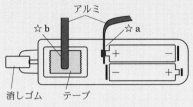

図7－5　ふたを開けた図

　小型扇風機は，100円ショップの「電動字消し」（ダイソー）を改良する。導線は5〜6重に細く折りたたんだアルミホイル。字消しのふたをあけ，図7－5☆aの位置に，電池の＋極にアルミ線の端をはさんで，単4アルカリ電池をセットする。

　図7－5☆bの位置に，別のアルミ線の端をモーターに上からセロテープではりつけ，ふたをする。外に出たアルミホイルをクリップではさめばスイッチが入る。

〈プロペラの作り方〉　図7－6のように工作用紙（8×3cm）を切り，左右の破線部を45度ほど山折りし，プロペラの中心に割りばし（3〜4cm）を通し，消しゴムの代りに割りばしを押し込む（図7－7）。空まわりや，折り方で推進力に違いが出ることに注意。

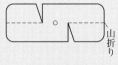

図7－6

図7－7

## 〈力の原理〉

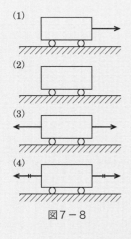

(1)
(2)
(3)
(4)

図7−8

（1）　物体は力を受けるとその力の方向へ動きだす

（2）　物体は理由もなく（力を受けることなく）突然自ら動きだすことはありえない

（3）　物体が反対向きの2つの力を受けたとき，一方の力が大きければ，大きな力の方へ動きだす

（4）　止まっている物体が反対向きの2つの力を受けたとき，大きさが同じならば，物体は動きださない

　この原理は当たり前ではないかと思うに違いない。その通りである。この単純な原理がいつも使えるようになれば，力学の第一歩がわかりかけてきたことになる。これからは意識的にこの原理を使うように心がけよう。

〔質問7−1〕

　クリップは磁石に引かれる。クリップに力が働いたからだ。では反対に手に持ったクリップを磁石に近づけると，磁石はクリップに引っぱられるだろうか。

（ア）　引っぱられる　　（イ）　引っぱられない

クリップ　磁石

丸鉛筆

図7−9

〔質問7−1〕（ア）

## 2 重力と質量

〔質問7−2〕

　手にもっていた物体を手から離すと下に落ちるのはどういう力のためか。（　　　　　）

　ものにはすべて重さがあり下に落ちる。だから“ものには落ちる性質がある”といってよいだろうか。

重力。（イ）

（ア）　よい　　（イ）　よくない

## 話7－1　万有引力（重力）と質量

　力の原理によれば，何の理由もなく物体が突然動き
だすことはありえない。だから，物体が落ちる以上，
物体を下に引っぱる力があるはずである。こういう力
が確かにあるということを明らかにしたのはニュート
ンであった。この力は万有引力（重力）とよばれる。
磁力は鉄やニッケルなど特別なものだけを引っぱるだ
けだが，万有引力は重さ（正確には質量）のあるもの
ならすべて（極微の原子から巨大な天体まで）例外な
しに引きあうという力で，お互いの質量が大きいほど
大きくなる力である。2つの物体どうしに働く万有引
力の大きさは，お互いの質量 $m$, $M$ に比例し，それ
らの間の距離 $r$ の2乗に反比例する。

$$F = G\frac{mM}{r^2}$$

$$G = 6.67\times10^{-11}\left(\frac{\mathrm{Nm}^2}{\mathrm{kg}^2}\right): \text{ 万有引力定数}$$

　万有引力は地上にある物体どうしにも働いて引きあ
うのだが，この力は大変小さく，とても人間が感ずる
ような力ではない。人間どうしが1mへだてて立って
いたとすると1gwの10万分の1程度の力なのである。
　ところが地上の物体と地球とのあいだに働く万有引
力は地球の質量が桁違いに大きい（地球の質量は人間
の約 $10^{23}$ 倍）ため，人間が地面に立てるほどの力とな
る。人間が月面上へ行けば，月の質量が地球より小さ
くなるので人間を引っぱる力も1/6に減ってしまう。
もし人間が太陽表面に行けたとすると，地上の実に28
倍近い力を受けることになる。だから，太陽表面では
もっとも軽い水素原子でさえ太陽に引っぱりこまれて

この力は小さくてとても
人が感じるような力では
ない。

図7－10

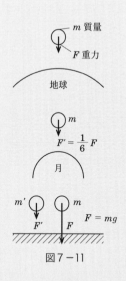

図7−11

質量：原子の数が変わらなければどこへ持って行っても変わらない

重力：月の上に持っていけば月の質量が小さいために，重力は地球上の1/6になる

重力の高度変化
富士山の頂上では1/1000ほど重力が小さくなる。地上付近では重力はほとんど変わらない。

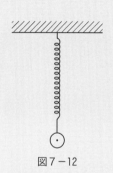

図7−12

しまう。たとえ高温で水素原子が外へ飛びだそうとしても，である。

　地球が太陽の周りを回るのもこの万有引力があるためである。

　ところで，ものの質量はそのものをつくっている原子の数が変わらなければ，どんなところにあっても変わらない。人間の質量は地上だろうと月の上だろうと変わらない。しかし，万有引力は月の上では1/6に減ってしまう。このように質量と重力ははっきり区別される。

　質量はもののもつ量で，矢印で書けないが，重力はものが外から受ける量で，矢印で表される。質量の単位はkg，重力などの力の単位はkgf, kgwやN（ニュートン）などで表す。

　地上にある物体は，地球の質量が一定なので物体が重いほど大きな重力を受ける。つまり，物体の質量に比例した重力を受ける。

$$F = gm \qquad g；比例定数$$

$g = 1$　　1kgの質量に働く重力　1kgfまたは1kgw

$g = 9.8$　　1kgの質量に働く重力　9.8N　1kgf = 9.8N

## 3　ばねと力　力のつりあいと作用反作用の法則

（問題7−2）

　図7−12のようにばねにおもりをつるした。おもりはどのような力を受けているか。力の矢印を書き入れよ。

（ヒント）

1．ばねとおもりを切り離すとおもりとばねはどうなるか。

2．おもりをもってばねを少し引き下げて手を離すと

おもりはどう動くか。

3．おもりを手で支えてばねを縮ませてから手を離す
とおもりはどう動くか。

図7－1（p.145）の（ケ）

## 話7－2　力の矢印の表し方（約束）

（A）　物体が地球から受ける重力の矢印はどこにか
けばよいのか。実は物体をつくっているすべての原子
が地球に引かれているので，とてもそれだけの力の矢
印を書くことができない。ところがすべての原子の質
量が1か所に集まっていると考えても力の効果はまっ
たく変わらない点がある（重心）。だから，そこに物
体の重力が働くものとしてよい。重心は物体が一様な
ら中心にある。

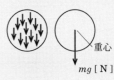

図7－13

（B）　重力や電磁気力以外の力は必ず物体と物体が
接するところで働く。これを力の作用点という。この
作用点から力の大きさと向きを考えにいれて力の矢印
を書けばよい。

ところがどちらの物体が受けている力か大変間違え
やすいので，「何」が「何」から受ける力か，たえず
注意する必要がある。次のような記号を使って力を表
すと大変便利である（図7－14）。

$$F_{M←ばね}$$

物体 M がばねから
受ける力

図7－14

〔問題7－3〕

ばねにつるしたおもりの質量を2倍，3倍，…にし
たとき，おもりが受けている力をかけ（図7－15）。

このとき，ばねの伸びはどうなっているか。

おもりをはずすとばねはどうなるか。

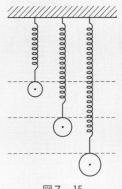

図7－15

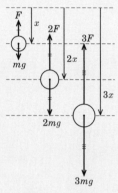

問題7－3の答え

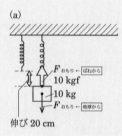

伸び 20 cm

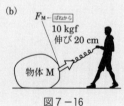

図7－16

## 話7－3　ばねの伸びをみれば力がわかる

　ばねには力を受けると変形し，力を取り去れば元に戻る性質（弾性）がある。ばねにおもり（質量 $m$）をつるせばばねは $x$ だけ伸び，おもりはばねから上向きの力 $F_{\text{M←ばね}}$ を受ける。おもりの重力が2倍になれば，上向きに受ける力が2倍となるまで，つまり重力とつりあうまでばねは下へ2倍伸びる。

$$F_{\text{M←ばね}} = -kx \quad k：比例定数 \qquad フックの法則$$

（－の記号は $x$ の向きが $F$ の向きと反対向きであることを示す）

　だから物体がばねから受ける力の大きさはばねの伸びをみればわかる。ばねはかりはこれを応用したものである。

　図7－16（a）のように，あるばねに質量10 kgのおもりをつるしたら，ばねが20 cm伸びたとする。このときおもりがばねから受ける力は10 kgf（または98 N）。図（b）のようにこのばねを物体Mにつけて引っぱった場合，ばねの伸びが20 cmだったらこの場合も「物体Mがばねから受ける力」の大きさは10 kgf（または98 N）である。このようにばねを使えば，好きな向きに好きな大きさの力を働かせることができる。

〔課題〕

　スポンジの上に物体がのっている。物体が受けている力をかけ（図7－17）。

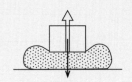

図7－17
面から受ける力はまとめて1つにして書いてよい

〔質問7－3〕

　机の上に本を置いた。力のつりあいによれば，同じ机の上でも軽い本と重い本とで「本が机から受ける力」は違うはずである。

　本当にこの力はあるといってよいだろうか。

　この力は

（ア）　つりあいを説明するための手段としての力である。

（イ）　本当に大きくなったり小さくなったりする力である。

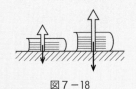

図7－18

〔質問7－3〕（イ）

## 話7－4　あらゆる固体は一種のばねである

　机の上に本をのせると，スポンジに物をのせたときと同じように，目には見えなくてもほんの少し机が変形している。本が受けている力は，机の変形によってわかる。机も一種のばねである。机に限らず，すべての固体に弾性がある。

　この小さな変形を調べるのに何かいい方法はないものだろうか。いろいろ工夫してみよう。そして一見変形しそうにないものがどの程度の力でどのくらい変形するのかを調べてみよう。一見何の変化も起きていないように見えるものでも，図7－19のようにその原子や分子の目に見えないつくりを頭の中に思い起こし，それが一種のばねとして働いていることを考えれば，このような机から受ける力も実在することがよくわかるにちがいない。

固体の原子・
分子のばね

目に見えないほど，ほんの少しちぢむ。
ちぢみ方は物体の重さにほぼ比例する。

図7－19

〔問題7－4〕

　図7－20のA, Bともに等しいばね, おもりの質量も
すべて等しい。Bのばねの伸びはAの何倍になるか。

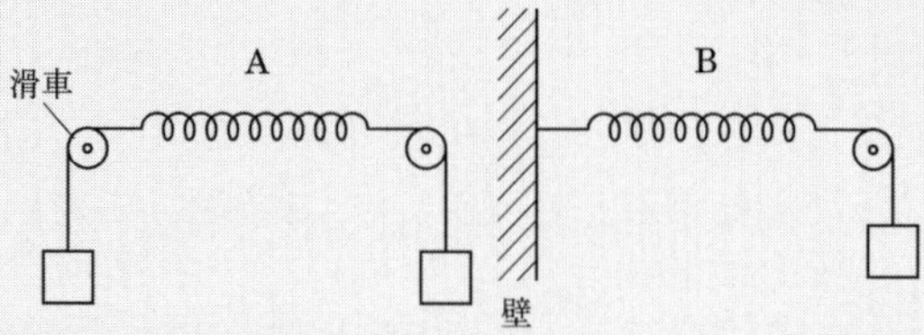

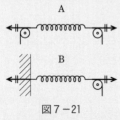

　　　　　図7－21

ばねBは壁から力を受けて
いる
（イ）

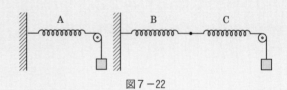

　　　　　　　　図7-20

予想

（ア）　半分

（イ）　同じ

（ウ）　2倍

（エ）　その他

　討論をしたら, 実験をしよう。

岩波映画は「楽しい科学教
育映画シリーズ」DVD版
として市販されている。

〈岩波映画〉「力のおよぼしあい」を見よう。

　映画を見て感心したこと, わかったことなど感想を
含めてノートに記録しておこう。

〔問題7－5〕

　図7－22のA, B, Cともに等しいばね, おもりの質量
もすべて等しい。B, Cのばねの伸びはAの何倍になる
か。

　　　　　　　　　　図7－22

予想

・BのばねはAのばねの　　・CのばねはAのばねの

（ア）半分　　　　　　　（ア）半分

（イ）同じ　　　　　　　（イ）同じ

（ウ）2倍　　　　　　　（ウ）2倍

（エ）その他　　　　　　（エ）その他　　　　　ともに（イ）

討論をしたら，実験しよう。

〔問題7－6〕

（1）ばねB，Cを一つの物体Mとして考えたとき，物体Mが受ける力をかけ。

（2）ばねBが受ける力をかけ。

（3）ばねCが受ける力をかけ。

　　作用反作用の関係にある力はどの力か。

　　つりあいの関係にある力はどの力か。

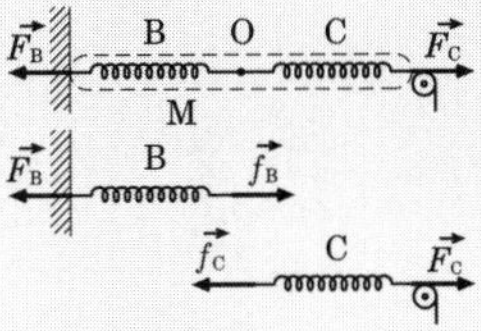

図7－23

作用反作用　$f_B$ と $f_C$

つりあい　$F_B$ と $F_C$,

$F_B$ と $f_B$, $f_C$ と $F_C$

## 話7－5　作用反作用の法則と分割の任意性

　〔問題7－5，7－6〕からわかるように，互いに力を及ぼしあっている物体の集合体があるとき，作用反作用の法則が成り立つならば，全体を一つの物体と考えても，それをいくつかの物体に分けて考えても少しもかまわない。このことは，作用反作用の法則は物体をどのように分割して考えてもよいことを示している。

## 4　浮かぶ物体

〔質問7－4〕

　ドーナツ型をしたフェライト磁石を，同じ極どうし向きあうようにして棒にさしこむとき，上の方の磁石は宙ぶらりんにできるだろうか。

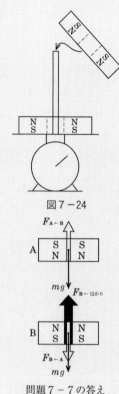

図7−24

問題7−7の答え

鳥の分ははかりにかかる。

では，上空を飛んでいる飛行機の真下にはかりを置いたら，はかりの目盛りは増えるだろうか。いろいろ考えられることを議論すると，きっと面白い議論ができるだろう。
解答はしない。

（ア）　できる　　（イ）　できない

〔問題7−7〕
〔質問7−4〕で，上の磁石を棒にさしこんだとき，はかりの目盛はどうなるか（図7−24）。
予想
　（ア）　磁石1コ分だけふえる
　（イ）　はかりの目盛は変わらない
　（ウ）　磁石1／2コ分だけふえる
　（エ）　その他
　討論の後，実験しよう。

〔課題〕
　〔問題7−7〕で，磁石が宙に浮いていても，宙に浮いた磁石の分まではかりが示すことを，それぞれの磁石が受けている力を書いて説明せよ。
　力の原理，作用反作用の法則を使うこと。

〈クイズ1〉　鳥かごの中で鳥が飛んでいる。鳥かご全体をはかりにのせたら，鳥の分ははかりにかかるだろうか。ただし，かごは密閉してあるものとする。

〔問題7−8〕
　空気が入らないように水で満たした水風船の質量はばねはかりではかったら（　　　　　）gであった。
　これを，水の中に入れたらばねはかりの目盛はおよそどれぐらいのところを示すか（図7−25）。
予想
　（ア）　水に入れる前と同じところを示す
　（イ）　水に入れる前の半分ぐらいのところを示す

（ウ）　ほとんど0の目盛

（エ）　水に入れる前より大き

なところを示す

　討論をしたら実験をしよう。

〈クイズ2〉

　水に浮いた氷の船，氷が解け

たら水の水面は

（ア）　上がる　　（イ）　下がる

（ウ）　変わらない

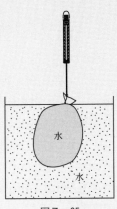

図7−25

風船中の水は**まわりの水が**
**支える**‥‥支える力が浮力

---

一様な密度 $\rho$，体積 $V$
の物体の質量 $m$ は
$$m = \rho V$$

---

水中の体積 $V$ の水風船
（質量 $\rho V$）を支える力
$\rho V g$ は水風船の重力 $mg$
に等しい。
$$\rho V g = mg$$
〔問題7−8〕（ウ）

〈クイズ2〉（ウ）

〔練習問題7−1〕

　下の図に適当な数値または文字式を自分で設定し，

重力と浮力を求めよ。

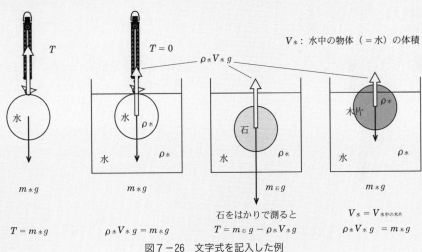

図7−26　文字式を記入した例

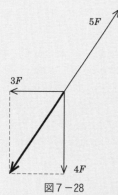

図7−28

3Fと4Fの平行四辺形の
対角線の向きに5Fの合力
が働き，ばねねはかりAで
はこの合力と逆向きに働く
力を測る。

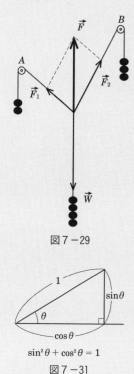

図7−29

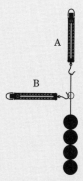

$\sin^2\theta + \cos^2\theta = 1$

図7−31

## 5 力の合成分解

〔問題7−9〕

　等しいおもり1個は$F=(\quad)$Nだ
った。リングを通してばねはかりAで
おもり4個を吊るしたら4Fだった。リ
ングを水平にばねはかりBで3Fの力で
引いたら，ばねはかりAはいくらの力
でどちら向きに引くことになるか。予
想図を書いて実験で確かめよう。

図7−27

### 力の合成・分解の実験

　直接おもり$\overrightarrow{W}$を糸で吊るせば，張力$\overrightarrow{F}$は$\overrightarrow{W}$とつ
りあう。図7−29のように，黒板上で適当な位置A, B
に滑車を貼り付け，2つに分けて引くと，ある位置で
これらの力はつりあって静止する。このとき，$\overrightarrow{F_1}$と
$\overrightarrow{F_2}$を一辺とする平行四辺形の対角線の大きさと向き
が$\overrightarrow{F}$となっていることを実験と作図で確かめよう。
$\overrightarrow{F}$は$\overrightarrow{F_1}$, $\overrightarrow{F_2}$の合力，$\overrightarrow{F_1}$, $\overrightarrow{F_2}$は$\overrightarrow{F}$の分力という。
$\overrightarrow{F_1}$と$\overrightarrow{F_2}$は$\overrightarrow{F}$と互いに置き換え可能な力である。

　図7−30のよう
に，$\overrightarrow{F}$は$x$成分と$y$
成分に分けることが
できる。

$F_x = F\cos\theta$
$F_y = F\sin\theta$

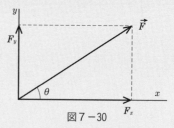

図7−30

物体がつりあっているときは，$x, y$方向だけでな
く，どちらの方向の力の成分をとってもつりあってお
り，動き出すことはない。

# 6　大きさのある物体　力のモーメント

（問題7-10）　図7-32の実験器具（左図，黒板上で実験）を使う。おもりの質量はみな同じ。

　右の図で，左側のおもりを

（1）4aの位置に1個吊るすと回転は止まる

（2）8aの位置に1個吊るすと回転は途中で止まるか

（3）6aの位置に1個吊るすと回転はどうなるか。回転が止まる位置は？

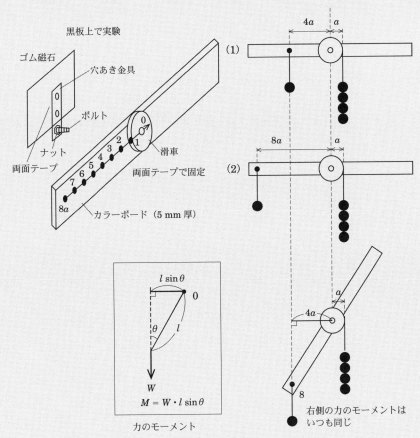

$$M = W \cdot l \sin\theta$$

力のモーメント

図7-32

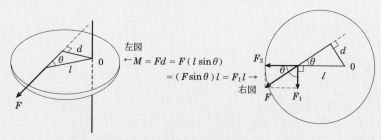

左図
←$M = Fd = F(l\sin\theta)$
$= (F\sin\theta)\,l = F_1 l →$
右図

図7−33

---

★　**大きさのある物体のつりあい条件**

　　合力の和 = 0　　　　　⇔　　　　　どちらにも併進しない

　　力のモーメントの和 = 0　⇔　どこで支えても回転しない

---

《力を見つけるヒント》

　「着目物体の接点で，力が働いていなければどう動き出すか」，その動きを止めるためにはどういう力が必要かと考えるとよい。

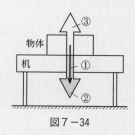

図7−34

〔練習問題7−2〕　左の図を見て答えよ。

(A)　①の力は（　　）が（　　）からうける力

　　　②の力は（　　）が（　　）からうける力

　　　③の力は（　　）が（　　）からうける力

(B)　つりあいの関係にある力は○と○の力

(C)　作用反作用の関係にある力は○と○の力

(D)　①の反作用の力は（　　）が（　　）からうける力である

〔練習問題7－3〕次の物体$S_x$に働く力をすべてかけ。
そして，それらの力の大きさを求めよ。ただし，物体の質量はすべて$m$とする。

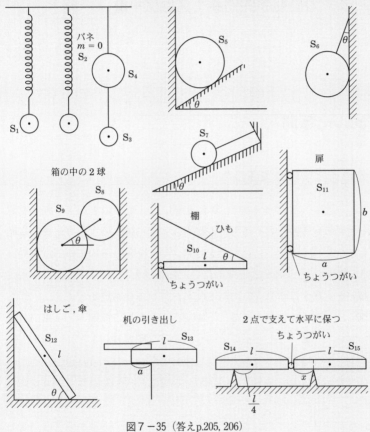

図7－35（答えp.205, 206）

# 8章

# 仕事とエネルギー

## 力の空間的効果：スカラー量

---

## 1 ねらいと展開[1]

### 1 | 仕事の定義は仕事の原理から

「高校物理Ⅰ」（現在は「物理基礎」）教科書では，仕事とエネルギー概念を導入するとき，仕事の定義から始めるものがほとんどである。いきなり定義から始めると，多くの生徒はその定義に違和感を持ち，これを単なる約束事として受けとめてしまう。仕事という言葉は日常的には「働くこと」，「すること」，さらには「職業」などを意味する言葉として広く使われているからである。

やはり物理では，仕事を定義する前に，定義のもととなる原理——仕事の原理——の存在を確認しておくことが必要である。私は〔問題8－1〕から始める。

中学校で「定滑車の場合は，力の大きさは変わらない」と習った生徒は，この問題にみごとにひっかかる。実験の結果は $F' = F/2$，引っ張るロープの長さは $x' = 2x$ である。$F'x' = Fx$。

滑車や斜面など道具を使うといつもこの関係が成り立つ。道具を使えば，人の力で直接動かせないような物でも，小さな力で楽に動かすことができる。道具のすばらしさ，便利さはまさにこの点にあった。ここで古代巨大建造物と道具との関わりにふれるのもよいだろう[2]。しかし力で得しても距離で損する。したがって，この不変な量 $Fx$ は仕事と呼ばれ，力で得しても仕事の量は決して得してはいないことがわかる（仕事の原理）。

重い荷物を運ぶのに，半分に分けて運べば，楽に運べる。でも2倍の距離を運

〔問題8－1〕

　図8－1（a）は，A君の乗ったダンボール箱を，Bさんが滑車を通して引いているところである。Bさんがロープを力$F$で引くと，箱が動きだした。

　（b）のように，Bさんの代わりにA君が自分でロープを引くと，ロープを引く力$F'$は（a）の場合の何倍の力で動き出すか。

　予想　（ア）$F$
　　　　（イ）$F/2$
　　　　（ウ）$2F$
　　　　（エ）その他

　このとき，A君が距離$x$動くのに，自分で引くロープの長さ$x'$はどれだけか。予想を立てたら討論の後，実験をしよう。

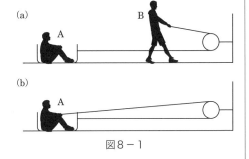

図8－1

ばないと同じ「仕事」をしたことにならない。この不変量の存在は2千年も前にアリストテレスが気づいていた。このように仕事という言葉は労働という意味で使われることも多い。これは仕事の原理の萌芽形態と見ることができるが，仕事という言葉は日常的にはかなりあいまいに使われる。

　そこで物理では，**仕事の原理をもとにして，着目する力がする仕事を問題にする。このとき着目していない他の力はまったく問題にしないのである。**

　図8－2のように，釘抜きに働く力$F_x$がその向きに$x$動いて$F_xx$の仕事をすれば，釘に働く力$F'$はその向きに$x'$動いて$F'x'$の仕事をする。釘抜きが動く向きと角$\theta$をなす向きに力$F$を加えたとき，その$x$成分$F\cos\theta$が$F_x$に等しければ同じ釘を抜くことができる。つまり力$F$の$x$成分だけが釘への仕事$F'x'$に関わるのである。動く向きと垂直な力$F$の成分は仕事に何の関わりも持たない。

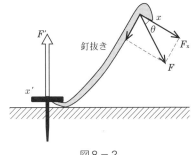

図8－2

$$F'x' = Fx\cos\theta$$

そこで，力 $F$ がする仕事 $W$ を

$$W = Fx\cos\theta$$

として一般的に定義する。言葉で言えば，「力とその向きに動いた距離（作用点の移動距離）の積」，または「動いた距離とその向きの力の成分の積」のことを「力のする仕事」と定義し，それ以外のものは，仕事とは呼ばないことにするのである。

この定義によれば，いくら力を加えても動かなければ（$x = 0$）仕事はしないし，いくら動いてもその方向に力が働かなければ（$F = 0$）仕事はしない（$\theta = 90°$）。さらに，角 $\theta$ が鈍角であれば，力の $x$ 成分は動くのを妨げる向きに働く。このとき $W$ は負の値になり，この力は負の仕事をしたことになる。

仕事の定義の確認として〔質問8−1〕のような問をいくつかやってみるとよい。

---

〔質問8−1〕

（1）質量 $m$ の物体を水平に速度 $v$ で投げたら，高さ $h$ 落下した。重力 $mg$ がした仕事はいくらか。

（2）質量 $m$ の物体がA, B, C, Dのコースをとって高さ $h$ だけ落下したとき重力 $mg$ がした仕事はいくらか。

A：手で支えて動かした

B，C：放物運動

D：斜面上の運動

答：上昇するときは，重力は負の仕事をし，AやDのコースは重力以外の力が働いているが重力がした仕事はすべて $mgh$ である。

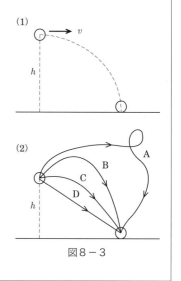

図8−3

---

このように仕事の原理をもとにして，仕事を定義していけば，「単なる約束事」と受け止める生徒はぐんと少なくなるように思う。

道具を使えば，力の大きさだけでなく，力の向きも変えることができる。しか

し，図8−2のように力の向きが $F$ から $F'$ へ変わっても，それぞれの力の向き
に動いた距離の積——仕事——は，向きにはまったく関係がないスカラー量であ
る。仕事の原理に関して，特にこの点は注意しておきたい。

## 2　仕事の原理からエネルギー概念へ

「エネルギー」という言葉も，日常でよく使われるが，やはり，その使い方もか
なりあいまいである。ここではエネルギーという概念がどうして必要となったか
ということを含めて，エネルギー概念をきちんとした科学的概念にまで高めたい。

〔質問8−2〕はエネルギー概念の導入の問題である。教科書によっては冒頭
から仕事の定義とともに，「エネルギーとは仕事をする能力である」と定義する
ものもあるが，私は仕事と同様，定義から出発することをしない。

ドライバーに力 $F$ を加えれば，釘に大きな力が働いて仕事をする (a)。車が
荷物を引き上げるときも同様に，荷物に力を加えて仕事をする (c)。

しかし，(b)(d)(e)(f) では，仕事の原理が使えない。何にでも仕事の原理が
通用するとは限らない。これらのどの場合も，確かに力 $F$ は仕事をしているが，
ばねも車も小石も粘土も，他の物体に仕事をしていないのである。

いったい仕事をした分はどうなってしまったのだろうか。この場合，仕事とは
異なるが，仕事に相当する何かが，ばねの伸びた状態や，物体の運動状態の中，
変形した粘土の中に蓄えられたとしか考えようがない。その証拠に (f) を除い
て，伸びたばねに物体をつなぐと，再び物体に仕事ができるし，運動している物
体も他に仕事をすることができる。このような量を (b) ではばねの弾性エネル
ギー，(d)(e) では物体の運動エネルギー，(f) では内部エネルギー（後で熱の
ところで学ぶ）と呼び，仕事によってそれらのエネルギーが増減するのである。

このような導入をすると，あたかも仕事が蓄積されたかのように受け取る人が
いるかもしれない。しかし，ここで注意を要するのは，「仕事はまったく蓄積さ
れない」という点である。仕事はあくまでも $Fx$ であり，それ以外のものは仕事
とはいわないと定義した。仕事は外部から与える量（出入り量）であり，ものの
持つ量ではない。したがってもののある状態の中に蓄積されたものは，仕事とは
異なる量だという認識が重要である。だからこの量を仕事とは呼ばず，わざわざ
エネルギーと呼んで仕事と区別するわけである。

〔質問8－2〕

　図8－4には，いろいろな物体や道具に力 $F$ を加えて仕事をしている様子が書いてある。この中には，物体や道具に仕事をしたとき，その物体や道具がほかの物体に仕事をしないものがある。それらに○印をつけよ。

　このとき，力 $F$ がした仕事はどうなったか。

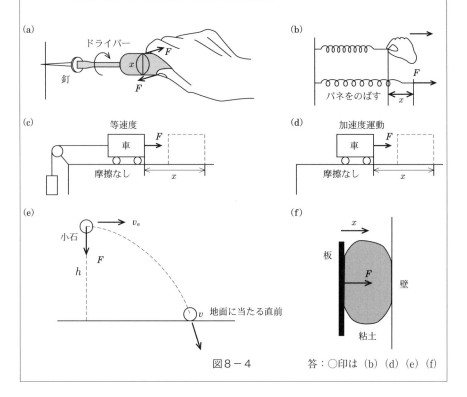

図8－4

答：○印は（b）（d）（e）（f）

　要するに，エネルギー概念は，仕事の原理が成り立たず，もののある状態の中に仕事相当分の量が蓄えられたときの量である。

## 3 エネルギー原理

　〔質問8－3〕は，〔質問8－2〕（d）における運動エネルギーの大きさを求める問題である。ニュートンの運動方程式は，「質量 $m$ の物体に力 $F$ が働けば

〔質問8－3〕

図8－5のように，車（質量$m$）に一定の力$F$を位置AからBまで加え続けたときの仕事から，物体の運動エネルギーの大きさを求めよ。ただし，Aでの速度を$v_A$，Bでの速度を$v_B$，AからBまでの移動距離を$x$とする。摩擦は考えない。

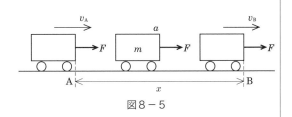

図8－5

加速度$a$が生ずる」というもので$ma = F$とかける。この式は物体のある瞬間の様子を表す。

そこで，AからBまで移動する間に，一定の力$F$を車に加え続けると，この力がする仕事は次のようになる。

$$\frac{1}{2}mv_B{}^2 - \frac{1}{2}mv_A{}^2 = Fx$$

これは力$F$がした仕事が$(1/2)mv^2$という量の増加に等しいことを示している。$(1/2)mv^2$は質量$m$の物体がある運動状態で持つ量で，これが求める運動エネルギーの大きさである。**もちろん運動エネルギーには向きはない**[3]。

「力が物体に仕事をすれば，その分，物体の運動エネルギーが増加する。力が負の仕事をすれば運動エネルギーは減少する」。これをエネルギー原理と呼んでいる。

17世紀末，運動する物体が持つ量は$mv$か$mv^2$かをめぐってデカルトとライプニッツの間で激しい論争が行われた。運動する物体の力の効果は何で測ればよいのかの論争であった。

今日の考えからみれば，仕事$Fx$はいわば〈力の空間的効果〉を測るもので，運動エネルギー$(1/2)mv^2$の変化で表される。これに対して，〈力の時間的効果〉$Ft$は力積と呼ばれ，$mv$（運動量）の変化で表される。

このように，デカルトとライプニッツの論争は，運動しているものの量を力の

時間的効果で測るか力の空間的効果で測るかの違いであった。

## 4 仕事を介したエネルギー転化と保存

　さて，作用反作用の法則を使って，2物体間にエネルギー原理を拡張してみるとどうなるのだろうか。

　車を手で押すときのことを考えよう（図8-6）。車に働く力 $F$ が仕事をすると車の運動エネルギーが増える。

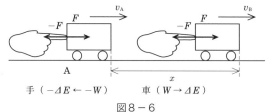

図8-6

ところが手は車から反作用の力 $-F$ を受け，この力は負の仕事をする。負の仕事をすれば，手から何らかのエネルギーが失われる。つまり，物体の増加した運動エネルギー分だけ，仕事を通して，手の中のある種のエネルギーの減少をもたらす。

　このように，ある物体に正の仕事をすれば，他方は必ず負の仕事をし，この仕事を通して，エネルギーはその蓄え場所とその形態を変える（エネルギー転化）。

　これまでの力学教育ではエネルギー保存だけが強調され，仕事を通したエネルギー転化についてはあまり注意が払われてこなかったように思われる。

　エネルギーは，力学だけでなく，実際には自然科学の対象に応じていろいろ蓄え場所と形態が変わる。エネルギー転化と保存の法則は，これまでばらばらであった熱，音，光，電磁気など物理の各分野を互いに結びつけたばかりか，化学，生物などあらゆる自然科学の分野を統一的に見通すことを可能にした。それと同時に，エネルギーがいかなる転化の過程を経ようとも，エネルギーの総量は保存するという広い意味のエネルギー保存法則の確立につながった。

　だから，エネルギーは保存だけでなくその転化もきちんと押さえておくべきである。

　また，「仕事をする能力としてのエネルギー」のとらえ方も大切である。道具

や機械は何もしなければただの物体にすぎない。道具は何らかのエネルギーを受けとれば、仕事を通して他の物体にエネルギーを受け渡す。つまり、エネルギーを受けとることなく永久に仕事をするような永久機関は存在しないのである。

　道具や機械を使って外部に仕事をするには、何らかのエネルギーが必要である。科学の歴史の中では、その動力源として人力や牛・馬などが利用されてきた。また水車や風車のように自然界に存在する力学的エネルギーの利用もそのひとつであった。18世紀になると、熱が動力源として本格的に利用され始めた。こうして動力源として電磁気や原子エネルギーなどさまざまなエネルギーが重要な意味を持つようになったのである。

## 5 重力による位置エネルギーと力学的エネルギー保存

　重力が物体にする仕事は、経路に関わりなく最初と最後の地点間の高さだけで決まる〔質問8−1〕。物体に重力のみが働いているとき、重力が物体に仕事をすれば、その分だけ物体の運動エネルギーが増加する。式で書けば、

$$\frac{1}{2}mv_B{}^2 - \frac{1}{2}mv_A{}^2 = mg(h_A - h_B)$$

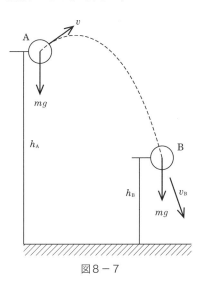

図8−7

　このとき、運動エネルギーが増加した分だけどこかでエネルギーが減少しているはずである。この減少したエネルギーは次のように、高さだけできまる量で表すことができる。

$$mg(h_A - h_B) = mgh_A - mgh_B$$

$mgh$ という量は物体がある高さにただ存在するというだけでは何も変わらないが、落下して初めて物体の運動エネルギーになるという意味で、この量を物体自身が潜在的にもっているエネルギー（ポテンシャルエネルギー）または位置のエネルギーと呼び、それが減少したと考えるのである[4]。

　そうすると、

$$\frac{1}{2}mv_{\mathrm{B}}{}^2 - \frac{1}{2}mv_{\mathrm{A}}{}^2 = mgh_{\mathrm{A}} - mgh_{\mathrm{B}}$$

つまり，

$$mgh_{\mathrm{A}} + \frac{1}{2}mv_{\mathrm{A}}{}^2 = mgh_{\mathrm{B}} + \frac{1}{2}mv_{\mathrm{B}}{}^2$$

となって，物体の持つ位置のエネルギーと運動エネルギーの和は，一定となる。これは力学的エネルギー保存の法則と呼ばれる。

　ところで次のような場合，エネルギー原理を拡張して考えると，一見，物体にはエネルギーが蓄積されないように見える。

　地上で質量 $m$ の物体を，力 $F$ でつり合ったまま高さ $h$ だけ持ち上げる。このとき $F$ がする仕事は，$W = Fh = mgh$ である。一方，重力は $-mgh$ の，負の仕事をするので，物体にはエネルギーが蓄積されないことになってしまう。果たして位置エネルギーは物体が持つ量といってはいけないのだろうか（図8−8）。

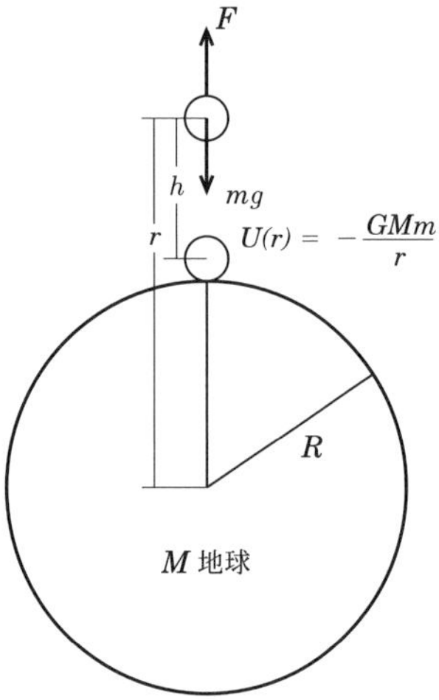

　この疑問は次のように考えれば解決する。

　もともと重力とは地球（質量 $M$）と物体（質量 $m$）とのあいだの万有引力のことだから，持ち上げたとき，$F$ がした仕事はこの両者（質量 $m$ と $M$）を含む系内（重力場）のエネルギー

図8−8

$$U(r) = -GMm/r$$

として蓄えられる。ただし，地球重心からの物体の位置を $r$，地球半径を $R$，万有引力定数 $G$ である。地表上で物体に働く万有引力は

$$\frac{GMm}{R^2} = mg.$$

$h \ll R$（地表付近）という条件では，

$$U(R+h) - U(R) = -\frac{GMm}{R+h} + \frac{GMm}{R} \fallingdotseq mgh$$

となる。

　このことは，高さ $h$ だけ持ち上げることによって，地球と物体を含む系内（重力場内）に蓄えられたエネルギーの増加分は，地表付近では質量 $m$ の物体に蓄えられた位置のエネルギーと考えてもよいということを示している。

　位置エネルギーはどこに蓄えられるのか疑問に思う生徒がおれば，「本来，位置エネルギーは物体−地球系の中に蓄えられるものであるが，地表付近では物体がもつと考えてよいことがわかっている。詳しくは後で万有引力のところで習う」といっておく程度でよいだろう。

　〔問題8−2〕は力学的エネルギー保存の法則を確認するための問題である。

---

〔問題8−2〕

　図8−9のような振り子を，黒板を利用してつくる。A点でおもりを離すと，B点まで上がる。A点でおもりを離し，B′点でおもりの糸を切った。その後，おもりはどのように飛んでいくか。

　予想（ア），（イ），（ウ），（エ）

　予想を立てたら討論の後，実験をしてみよう。実験の結果を，運動エネルギーと位置のエネルギーで説明しなさい。

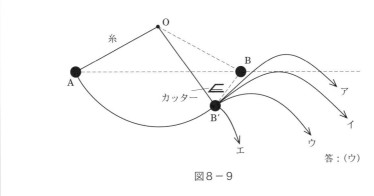

図8−9

---

　この問題では，ほとんどの生徒が軌跡を（イ）と予想する。実験の結果は彼らの予想を完全に裏切る。実験の後，力学的エネルギー保存の法則を使って軌跡が（ウ）になることを説明する[5]。

　以下，弾性エネルギーの大きさを求める問題へと続く。

　要するに，仕事とかエネルギーなどの言葉は日常的に使われる言葉であり，物理ではどうして日常語と異なる概念が必要となってきたかを，原理にもとづいてしっかり押さえておきたい。

　エネルギーは状態量であるが，仕事は状態量ではない。つまりどこにどんな状態で蓄えられているかが問われるのがエネルギーであり，蓄え場所を問わない仕事を通してエネルギーは転化し，保存する。このことは熱力学第一法則を学ぶ前にしっかり定着させておきたいことである。

注

1）「こう教えればもっとわかる"仕事とエネルギー"」『パリティ』，丸善2004.9，から転載

2）デビッド・マコーレイ作，鈴木八司訳『ピラミッド──巨大な王墓建設の謎を解く』，岩波書店，1979

3）たとえば，〔質問8‐2〕(e)で斜め投げ上げの速度を$v$として，$v$の水平成分を$v_0$，鉛直成分を$v_y$とすれば，$v_0{}^2+v_y{}^2=v^2$の関係より，運動エネルギーの増加分は$(1/2)mv^2-(1/2)mv_0{}^2=(1/2)mv_y{}^2=mgh$となって運動エネルギーは$v$の向きによらないことがわかる。$v$を2乗すればスカラー量になる。

4）重力がする仕事$mg(h_A-h_B)$は外部から物体に加える量であるが，位置エネルギー$mgh_A$や$mgh_B$は物体の持つ量にすりかわったことに注意を要する。

5）放物運動の最上点では水平方向の速度があり，この運動エネルギー分だけ位置エネルギーが減少する。

# 9 章

# 力積と運動量

## 力の時間的効果：ベクトル量

---

## 1 ねらいと解説

### 1 運動量はわかりやすい

運動量は生徒がすでに持っている概念とほぼ一致し，わかりやすい。

また，運動量と力積の関係は運動方程式の積分であるため，最初と最後の状態がわかれば途中の様子がわからなくてもよいのでわかりやすい。もちろん，運動量保存の法則も同様である。吹き矢の実験（p.182）からは，力の時間的効果を表す運動量と力積の関係だけでなく，力の空間的効果を表す仕事とエネルギーの関係も明らかとなる。

### 2 ベクトルとしての運動量と力積

運動量は，ベクトル $m\vec{v}$ で表される。運動量が一定であることは，$\vec{v} =$ 一定，つまり等速かつ直線運動（慣性運動）であることを表す。慣性の法則は運動量保存の法則でもある。この運動を変化させるには，外から力を加えなければならない。運動量と力積の関係は「力をある時間加えれば運動量ベクトルの大きさだけでなく運動の向きも変わる」ということを表しており，6章「向きを変える力と慣性運動の直線性」で取り上げた内容を含んでいる。

### 3 運動量保存の法則は作用反作用の法則の別表現

さまざまな物体の衝突の瞬間における力を生徒に聞いたとき，相互作用の力が

同じだとは，なかなか思えないようである。ここでは運動量保存の法則が作用反作用の法則の別の表現であることを，実験でしっかり確認したい。

## 4 運動量が保存しても力学的エネルギーが保存するとは限らない

運動量はいかなる衝突の場合でも保存する。

しかし，跳ね返り係数の違いによってその後の運動の様子は変わる。力学的エネルギーが保存するとは限らないからである。力学的エネルギーが保存するのは弾性衝突の場合だけである。$e=1$の場合，同じ質量，1：3の質量比のビー玉の振り子の衝突実験は簡単に自作でき，運動の繰り返しを見るだけで楽しい。この様子は計算どおりになる。もちろん$e=1$なら，任意の質量の衝突でも運動量と力学的エネルギーは必ず保存するので，必ず振り子は最初の状態に戻る。また，$e=0$の場合，力学的エネルギーの損失も計算と実験が一致することを示すことができる。

## 5 水ロケットは運動量保存の具体例

何よりも飛ぶ楽しさを味わおう。そして運動量保存の法則を体感するには水ロケットはうってつけの教材といえる。

ロケットは放出する燃料の反動で推進する。運動しながら本体の質量が減少していくので，少し複雑になるが運動量が保存されることに変わりはない。

時刻$t$でロケットの質量を$M$，速度を$v$とする。$\Delta t$後には，質量は$M+\Delta M$，速度は$v+\Delta v$に変化する。ただし，$\Delta M$は燃料を放出して減少するので負，廃棄質量は正の値で$-\Delta M$である。ロケットに対する廃棄物の速度を$u_0$とすると，静止座標系からみた廃棄物の速度は$(v+\Delta v)-u_0$となる。

運動量保存により，

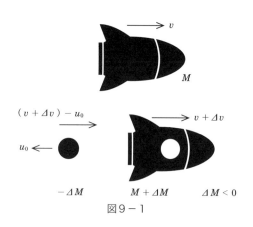

図9-1

$$Mv = (M + \Delta M)(v + \Delta v) + (-\Delta M)(v + \Delta v - u_0)$$
$$= Mv + M\Delta v + \Delta Mv + \Delta M\Delta v - \Delta Mv - \Delta M\Delta v + \Delta Mu_0$$
$$0 = M\Delta v + \Delta Mu_0$$
$$\therefore \quad \Delta v = -u_0\frac{1}{M}\Delta M$$

最初の速度と質量を $0, M_0$，最後の速度と質量を $v_f, M_f$ として，積分すると

$$\int_0^{v_f} dv = -u_0\int_{M_0}^{M_f}\frac{1}{M}dM$$
$$\therefore \quad v_f - 0 = -u_0[\ln M]_{M_0}^{M_f} = -u_0(\ln M_f - \ln M_0) = u_0\ln\frac{M_0}{M_f}$$

これはツオルコフスキーが導いた結論で，ロケットは最後の質量 $M_f$ が小さい（捨てる燃料が大きい）ほど速度が大きくなることを示している。

水ロケットはそうはいかない。捨てる水が多くなると飛ばなくなってしまう。水ロケットは捨てる水が多いほど，ボトル内の空気の体積が膨張して圧力が下がり，噴出速度は急激に落ちてしまうからである。本物のロケットは噴出速度 $u_0$ が一定と考えられるが，水ロケットでは，容積の $1/3$ 程度の水で最大噴出速度（運動量）が得られる。水ロケットはその反動で飛ぶ。

ボトル容積の $1/3$ 程度の水で最大速度が得られることは，コンピュータシミュレーションによっても明らかにされている[1]。

注
1 ）David Kagan, Louis Buchholtz, and Lynda Klein "Soda-Bottle Water Rockets" THE PHYSICS TEACHER 33, 150-157（March 1995）

## 2　力積と運動量

### 1　力積と運動量　吹き矢の実験

すでに習ったように，「等速度運動している物体には前向きの力は働いていない」。けれども「前向きに運動している何かがある」という考えは正しい。実はこの何かは，外から働く力ではなく，ものが運動状態で持っている量 $m \times v$ という量で"運動量"と呼ぶ（図9－2）。

硬い床に落として割れる卵や茶碗も，同じ高さから布団に落としても割れない。同じ運動量のものでも，一瞬に止めれば大きな力が働き，布団などクッションとなってゆっくり止めれば働く力は小さくなる。飛んできたボールを，手を引きながら時間をかけて受け止めれば痛くない。衝撃の強さはかかった時間 $\Delta t$ が関係している。この場合のように，同じ運動量をもつ物体を止めるにはいつも $F\Delta t = F\Delta t'$ の関係が成り立っており，力 $F$ と力が働いた時間 $\Delta t$ の積 $F\Delta t$ を力積と呼んでいる。

$ma = F$ は物体のある瞬間の様子を表す。これを前後の運動の様子で表してみよう（図9－3）。直線上，前後 $\Delta t = t' - t$ の間に $F$ が働き，速度が $v$ から $v'$ に変るものとする。

$v' - v = a\Delta t$ だから

$$F = ma = m\frac{v' - v}{\Delta t}$$

$$\therefore \ mv' - mv = F\Delta t \tag{1}$$

(1)式は $\Delta t$ 間に加えた力積 $F\Delta t$ が運動量 $mv$ の増

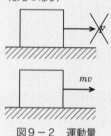

等速度運動する物体
（まさつなし）

$mv$

図9－2　運動量

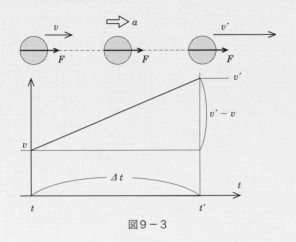

図9－3

加に等しいことを表している。つまり，瞬間を表すニュートンの運動方程式は最初と最後の結果で表されたことがわかる。

$\vec{F}$ も $\vec{v}$ もベクトルだから，力積 $\vec{F}\Delta t$ も運動量 $m\vec{v}$ とともにベクトルであり，(2)式が成り立つ（図9－4）。

$$mv\vec{'} - m\vec{v} = \vec{F}\Delta t \qquad (2)$$

この式は，「力をある時間加えれば運動量ベクトルの大きさだけでなく運動の向きも変わる」ことを表している。

(1)(2)の表し方の特徴は，最初と最後の物体の運動量と，このあいだに加えた力積がわかれば，途中の様子がわからなくてもよいので，大変都合が良いことが多い。

図9－4からわかるように，ホームランを打つには大きな力だけではだめで，できるだけ長い時間，大きな力を加えることが必要である。

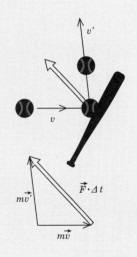

反対向きに打ち返すとき

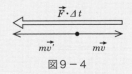

図9－4

### 吹き矢の実験[1]

図9－5のようにストローで吹き矢を作って，次の囲み中の力積と運動量，仕事と運動エネルギーの関係を確かめよう。

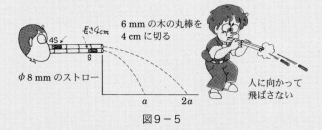

2倍の速さにするには，4倍の距離，2倍の時間加速する必要がある。

図9－5

**力積と運動量**

**ベクトル──力の時間的効果**

（1）$\vec{F}\Delta t = m\vec{v}$

（2）$\vec{F}(2\Delta t) = 2m\vec{v}$

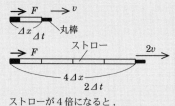

ストローが4倍になると，2倍の時間がかかり，2倍の速さになる

図9－6

**仕事と運動エネルギー**

**スカラー──力の空間的効果**

（1）$F\Delta x = \dfrac{1}{2}mv^2$

（2）$F(4\Delta x) = \dfrac{1}{2}m(2v)^2 = 4\times\dfrac{1}{2}mv^2$

筒が長いほど$\Delta t$や$\Delta x$が大きくなりいくらでも速くなる（図9－5参照）。

運動量は2倍となるが，運動エネルギーは4倍（速度の2乗倍）となっている。

　力積と運動量の関係はベクトル量で力の時間的効果を表す。仕事と力学的エネルギーの関係はスカラー量で力の空間的効果を表す。

## 2　運動量保存と作用反作用の法則

〔問題9－1〕

　体重差のある力士どうしがぶつかりあった。重い力士Aが受ける力 $F_A$ と軽い力士Bが受ける力 $F_B$ はどちらが大きいか。

　（ア）　$F_A > F_B$

　（イ）　$F_A = F_B$

　（ウ）　$F_A < F_B$

　（エ）　時と場合による

図9－7

〈実験の方法〉

　力士のぶつかり合いの代りに，図9－8のように質

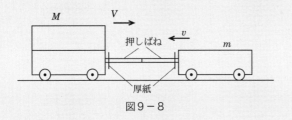

図9－8

量の異なる力学台車を衝突させ，付属の押しばねの縮みの大きさで力の大小を比べよう。

　（a）互いの速度を変えたとき，

　（b）追突したとき，

　（c）一方を止めて壁にしたとき，

　（d）互いの質量を変えたとき，

などいろいろな衝突の場合を調べよう。

押しばねつき力学台車の衝突

パイプに厚紙を差し込み，衝突前後の厚紙（ガイド）の移動で力の大きさを比べる。

衝突前

衝突後

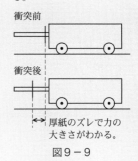

厚紙のズレで力の大きさがわかる。

図9－9

いかなる衝突の場合も $F_A = F_B$ となる

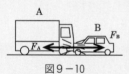

図9－10

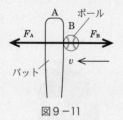

図9－11

〈質問〉

（1）トラックAと乗用車Bが正面衝突した。どちらの力が大きいか（図9－10）。

（2）飛んできたボールBをバットAで打ち返すとき，バットが受ける力 $F_A$ とボールが受ける力 $F_B$ はどちらが大きいか（図9－11）。

〔問題9－2〕

　質量の異なる台車の分裂後の台車の速さを調べたい。

　Y君は台車A（質量 $2m$）と台車B（質量 $m$）が分裂した後，Aは $s$，Bは $2s$ の移動距離に空箱を置いて，同時に当たれば，BはAの2倍の速さになり，右向きと左向きの運動量は等しくなるという。彼の考えのとおりになるだろうか。図9－12のようにして，確かめてみよう。

Y君の予想どおりになる

〈実験〉

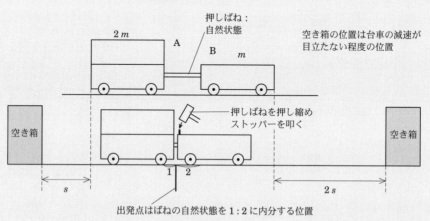

図9－12

## 運動量保存の法則

図9−13は衝突前後の様子である。図のような符号をつけると，

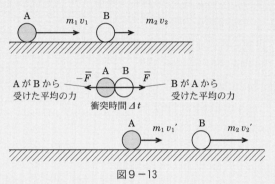

図9−13

物体A：$m_1 v_1' - m_1 v_1 = -\overline{F}\Delta t$

物体B：$m_2 v_2' - m_2 v_2 = \overline{F}\Delta t$

$\qquad\qquad \overline{F}$：平均の力

$\therefore \quad m_1 v_1 + m_2 v_2 = m_1 v_1' + m_2 v_2'$

「衝突前後の運動量の和は等しい」

## はねかえり係数 $e$

これは物体が床と衝突する前後の速さの比である。
物体の衝突前後の速度を $v, v'$ とする。

$$e = \left|\frac{v'}{v}\right| = -\frac{v'}{v}$$

$e = 1$：弾性衝突
$0 \leqq e < 1$：非弾性衝突
$e = 0$：完全非弾性衝突
と呼ぶ

負の符号は $v$ と $v'$ の向きが反対になることによる。

図9−13の場合は

$$e = -\frac{v_1' - v_2'}{v_1 - v_2} = -\frac{衝突後の相対速度}{衝突前の相対速度}$$

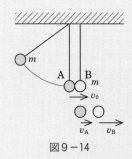

図9－14

〔問題9－3〕

〈ビー玉の振り子衝突実験〉

弾性衝突 $e＝1$ のとき，等しい質量 $m$ の球Aが $v_0$ で，静止した球Bに衝突した（図9－14）。衝突後の速度 $v_A, v_B$ を計算で求めて，ほぼ実験で観察したとおりになるか確かめよう。

実験は次の囲み〈衝突球の作り方〉（p.187）のように衝突球を作り，実験する。

---

〔問題9－3〕の計算は次のようになる。

$e＝1$ のときは

$mv_0＋0 = mv_A＋mv_B$　　　①　運動量保存

$-\dfrac{v_A－v_B}{v_0－0}＝1$　　　②　跳ねかえり係数

$\therefore v_B＝v_0, \quad v_A＝0$

衝突した方が止まり，された方が $v_0$ になる。交互に衝突を繰り返し，見ていて楽しい。

---

〔問題9－4〕[2]

〔問題9－3〕の球が完全非弾性衝突（$e＝0$）のとき，

Aを高さ $h$ から落とすと，ABは一体となって上昇する。ABの上昇する高さ（$h'$）はどれだけになるか。

力学的エネルギーが保存すれば，質量が2倍になると，高さは $h/2$ になるはずである。

運動量が保存すれば，衝突後の速さは1/2となり，上る高さは $h/4$ になるはずである。

予想　（ア）$h/2$　　（イ）$h/4$　　（ウ）その他

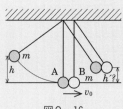

図9－16

（イ）
失った力学的エネルギー
　$mgh－2mg(h/4) = mgh/2$

〔問題9－4〕の計算

エネルギーが保存すれば

$$2mgh' = mgh$$

$$\therefore \ h' = h/2$$

運動量が保存すれば $e = 0$ のとき，

$$mv_0 = mv_A + mv_B \qquad ①$$

$$-\frac{v_A - v_B}{v_0 - 0} = 0 \qquad ②$$

$$\therefore \ v_B = v_A = v_0/2$$

AB一体となり，上る高さは，

$$2gh' = (v_0/2)^2 = (1/4)v_0^2 = (1/4)2gh$$

$$\therefore \ h' = h/4$$

## 〈衝突球の作り方〉

　おもりの位置の調整は糸をテープで貼り付けたあと，糸やおもりを引いて調節する。

・ビー玉どうし　$e \fallingdotseq 1$

・$e = 0$：ビー玉にマジックテープのはちまきを巻き付ける

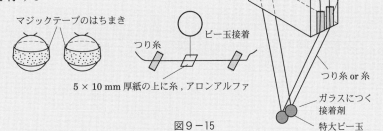

マジックテープのはちまき

つり糸

ビー玉接着

$5 \times 10 \ \mathrm{mm}$ 厚紙の上に糸，アロンアルファ

ゴム磁石
黒板に貼り付ける

菓子箱

テープ

つり糸 or 糸

ガラスにつく接着剤

特大ビー玉

図9－15

・ビー玉質量　特大サイズ/普通サイズ $\fallingdotseq 3$

普通サイズ　$5 \sim 6 \ \mathrm{g}$，$6 \ \mathrm{g}$ がほとんど

特大サイズ　$19 \ \mathrm{g} \sim 21 \ \mathrm{g}$，$20 \ \mathrm{g}$ が多い

〈実験〉

実験の結果，力学的運動エネルギーは保存していたか。運動量は保存していたか。

はねかえり係数はどんな意味を持っているか考えよう。

〔問題9−5〕

質量比1：3の球A, Bの弾性衝突（$e=1$）について，Aは $v_0$ でBに衝突する。

（1）最初の衝突後の速度 $v_A$, $v_B$ を求めよ。

（2）2回目に衝突をした後の速度 $v_A{}'$, $v_B{}'$ を求めよ。

計算は，実験で観察したとおりになるか確かめよう。

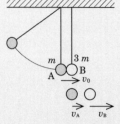

図9−17　1回目の衝突

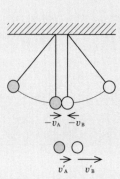

図9−18　2回目の衝突

〔問題9−5〕の計算は次のようになる

（1）1回目の衝突

$$mv_0 = mv_A + 3mv_B \qquad ①$$

$$-\frac{v_A - v_B}{v_0 - 0} = 1 \qquad ②$$

$$\therefore v_B = \frac{v_0}{2}, \quad v_A = -\frac{v_0}{2}$$

左右に等しく開く。

（2）2回目 $v_A$, $v_B$ 逆向きになって衝突

$$m\left(\frac{v_0}{2}\right) + 3m\left(-\frac{v_0}{2}\right) = mv_A' + 3mv_B' \qquad ①$$

$$-\frac{v_A' - v_B'}{v_0/2 - (-v_0/2)} = 1 \qquad ②$$

$$\therefore v_B' = 0, \quad v_A' = -v_0$$

左右に等しく開いたのち，次の衝突で最初に戻る。同じ運動を繰り返す。

この繰り返し運動もおもしろい。

## 3　水ロケットを作って飛ばそう

　水ロケットは大空高く飛びあがり，文句なしに子ど
もや大人の心をとらえる。ノズルや発射装置を自作し
て打ち上げを楽しもう。ここではパラシュートが不要
で安全な1段式水ロケットを紹介する。

　水ロケットの打ち上げを楽しみながら，運動量保存
の法則を体感しよう。（図9－19）（図9－20）

2段式水ロケットなど，よ
り発展的な詳しい内容は注
の参考文献[3)]を参照。

ゴム栓式はポンプ圧4気圧
（400 kPa）程度で発射。
発射装置ありはポンプ圧7
〜8気圧（700〜800 kPa）
加えることができ飛距離は
驚くほどのびる。

### ①簡単　ゴム栓式水ロケット

水は
1/3

すごく飛ぶが
いつ飛び出すか
わからない

ゴム栓

ボールペンの軸
ビニルテープ

空気入れ

### ②安全型水ロケット

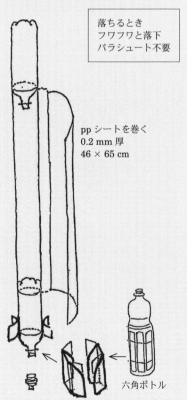

落ちるとき
フワフワと落下
パラシュート不要

ppシートを巻く
0.2 mm厚
46 × 65 cm

六角ボトル

図9－19

## ③自作ノズルと発射装置の作り方

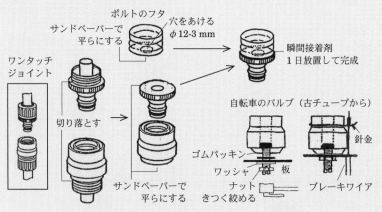

ボルトのフタ
穴をあける
φ12-3 mm
サンドペーパーで
平らにする

瞬間接着剤
1日放置して完成

ワンタッチ
ジョイント

切り落とす

自転車のバルブ（古チューブから）

針金

ゴムパッキン
ワッシャ 板
ナット
きつく絞める
ブレーキワイア

サンドペーパーで
平らにする

## ④発射台を作る

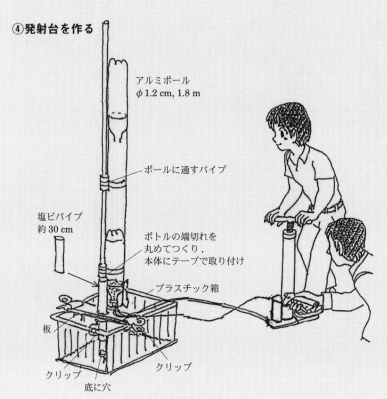

アルミポール
φ1.2 cm, 1.8 m

ポールに通すパイプ

塩ビパイプ
約30 cm

ボトルの端切れを
丸めてつくり，
本体にテープで取り付け

プラスチック箱

板

クリップ

クリップ

底に穴

図9−20

　水ロケットが遠くに飛ぶには，空気圧が高いだけでなく，本体が軽くてはき出す質量が大きいほどよいはずである。ところが水の量が多すぎるとあまり飛ばない。その理由を考えよう。最適の水の量はどれほどになるかを考えよう。本物のロケットとの違いはどこにあるのだろうか。

発射台・ブレーキワイアを省略できる。両手で発射装置を支え，片方の指で直接引き金を引けばよい。濡れるから腰にビニル袋を巻くとよい。

注
1）中川礼二・飯田洋治「吹き矢コンクール」愛知・岐阜物理サークル『いきいき物理わくわく実験 1（改訂版）』，日本評論社，2002.3
2）高橋賢二「エネルギーと運動量　どっちが保存？」愛知・岐阜物理サークル『いきいき物理わくわく実験 1（改訂版）』，日本評論社，2002.3
3）飯田「飛んでびっくり水ロケット」愛知・岐阜物理サークル『いきいき物理わくわく実験 1（改訂版）』，日本評論社，2002.3
　飯田洋治「2 段式水ロケット──水ロケットその後」『理科教室』，新生出版，1991.3
　飯田洋治「多段式水ロケット」『面白実験ものづくりマニュアル』，東京書籍，1993.8
　飯田洋治・林煕崇「PETボトルを利用した多段式水ロケットの開発」『科学技術体験活動マニュアル』，第 1 回科学技術体験活動アイデアコンテスト，日本科学技術振興財団，1995.3
　『宇宙をめざすきみたちへ II』，日本宇宙少年団，1997.3
　飯田・林「どこまで行くか水ロケット」愛知・岐阜・三重物理サークル『いきいき物理わくわく実験 2（改訂版）』，日本評論社，2002.3

## 力学的自然観アンケート結果
### 40年前と最近の高校生・大学生の比較

**【問1】**

まさつが大変小さい台車を同じ大きさの力で引き続けたら，その間，車はどのように動くか。

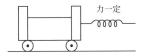

（ア）ずっと一定の速さで動く。

（イ）はじめのうち速くなり，すぐ一定の速さになる。

（ウ）どんどん速くなる。

**【問2】**

自動車が等速でまっすぐ走っているとき，次の力はどちらが大きいか。

A．車の前向きにかかる力

B．車の後向きにかかる力（空気抵抗や摩擦力など）

（ア）A＜B　　（イ）A＝B　　（ウ）A＞B

調査結果，問1〜問3，問1〜問7の分析は序章で，また問8〜問10，問20の調査結果も，序章で分析している。他の調査結果の分析は本文中を参照のこと。

□1983年工業高校（力学未修）171名
▨2021年総合高校（力学未修）117名
▰1983年理系大学生114名
■2008年理工系新入生97名
※印は正解　（％）

**【問1】**

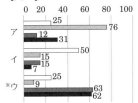

**【問2】**

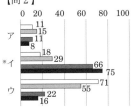

【問1】〜【問3】全問正解
高校はすべて0
大学は25％，24％
【問1】〜【問7】全問正解
高校はすべて0，1983年の
大学生　10％

194

【問3,4】正解

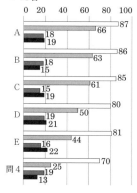

【問3,4】前向きに力を書
いた者

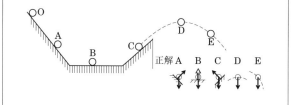

【問3】

　空気抵抗やまさつが無視できるとして，O点か
ら落とした球が，A〜Eにおいて，受けている力
をすべて矢印で書きこめ。

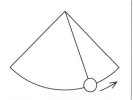

【問4】

　矢印の方向へふれてい
るふりこが受けている力
をすべてかけ。（空気抵
抗は無視）

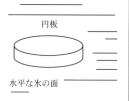

【問5】

　水平な氷の上をすべって
いる円板がある。円板に働
いている力に○印，働いて
いない力に×印をつけよ。

　1）円板に働く重力
　2）氷の面や空気が円板の運動を妨げるまさつ
　　　力・抵抗力

円板

水平な氷の面

【問5】全問正解

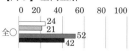

3）円板の運動を続けさせる動力

4）円板の慣性のために生ずる慣性力

5）氷が円板をささえる抗力

【問6】

ビー玉を数mの高さから落としたら，ビー玉に働く力はどうなるか。

（ア）一定の大きさの引力だけが働いている

（イ）引力だけが働き，それが落下とともにしだいに大きくなる。

（ウ）引力はずっと一定の大きさだが，最初ビー玉を支えていた上向きの力がしだいに小さくなる

（エ）引力はずっと一定の大きさだが，「落下する力」とでもいう力が働き，それがしだいに大きくなる。

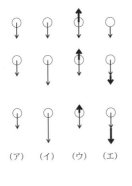

（ア）（イ）（ウ）（エ）

【問5】誤答割合（3，4が×，他は○）

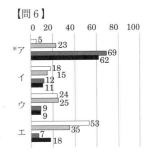

【問6】

【問7】

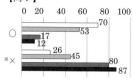

```
     0  20  40  60  80  100
○ ▨▨▨▨▨▨ 70
  ▨ 17
  ▪ 12
  ▨ 26
※× ▨▨▨ 45
  ▪▪▪▪▪ 80
  ▪▪▪▪▪ 87
```

【問8】

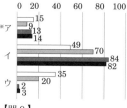

```
     0  20  40  60  80  100
※ア ▨ 15
   ▪ 9
   ▨ 13
   ▪ 14
イ  ▨▨▨ 49
   ▨▨▨▨ 70
   ▪▪▪▪▪ 84
   ▪▪▪▪▪ 82
ウ  ▨▨ 35
   ▨ 20
   ▪ 2
   ▪ 3
```

【問9】

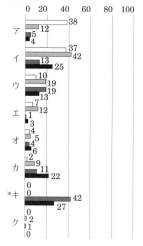

```
     0  20  40  60  80  100
ア  ▨▨ 38
   ▨ 12
   ▪ 5
   ▪ 4
イ  ▨▨ 37
   ▨▨ 42
   ▪ 13
   ▪ 25
ウ  ▪ 10
   19
   19
   13
エ  7
   12
   1
   3
オ  4
   5
   6
   1
カ  9
   11
   22
※キ 0
   0
   ▨▨ 42
   ▨ 27
ク  0
   2
   1
   0
```

【問7】

次の文が正しければ○を，まちがっていれば×をつけよ。

「水平な氷の面の上をすべっていく石には，いろいろな力が働いているが，そのうち進行方向にはたえず力が働いている」

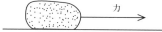

【問8】

振り子が振れているとき，図の最下点では糸の張力Tと重力Wはどちらが大きいか。

（ア）$T > W$

（イ）$T = W$

（ウ）$T < W$

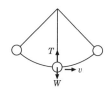

【問9】

等速円運動をしている物体がある。物体に働く力は次のどれが正しいか。ただし，物体の外から見ているとする。

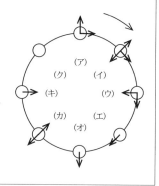

【問10】

　等速で自動車がカーブするとき，まっすぐ進むのに比べて，余分に働いている力は，次のどれか。ただし，地面から見ているとする。

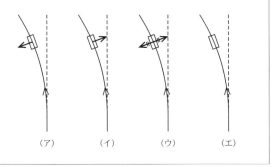

（ア）　　　（イ）　　　（ウ）　　　（エ）

【問10】
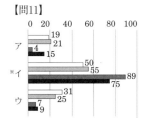

【問11】　等速でまっすぐ走る自動車の窓から，電柱が真横にきたとき，石ころを水平に電柱めがけて投げた。（実験は正確にできるものとする）

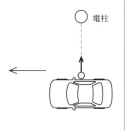

　（ア）石ころは電柱にあたる
　（イ）石ころは電柱の前方（車の方）へとぶ
　（ウ）石ころは電柱の後方へとぶ

【問11】

【問12】　球AをまっすぐBに向けて打つと同時に，Bは自由落下をはじめるとする。

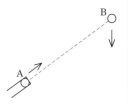

　（ア）AはBに絶対命中しない

【問12】

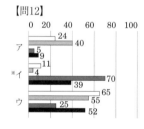

（イ）AはBに絶対命中する

（ウ）初速や打ち出す角度に関係するので命中する場合もあれば，命中しない場合もある

【問13】 等速でまっすぐ走っているトラックの荷台の一番後にいる人が真上にとび上がった。空気抵抗は無視できるとして

（ア）この人はトラックのもとの位置にもどる

（イ）この人は地面に落ちる

【問13】

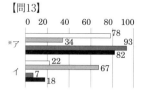

【問14】 力学台車が一定の速さで走っているとき，球を真上に打ち上げた。台車の動きを0.1秒ごとに書くと下図のようになる。0.1秒ごとの球の位置を図の中に書き入れ，0.1，0.2，…秒後の打ち出し口と球の位置を赤線で結びなさい。図の左は静止しているとき打ち上げた球の0.1秒ごとの位置を示してある。

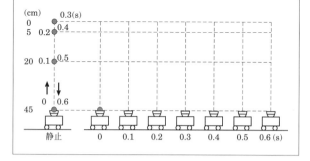

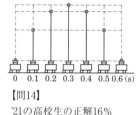

【問14】

'21の高校生の正解16%

【問15】

地上に降る雨は，大粒と小粒ではどちらが速い
か。

　（ア）大粒

　（イ）小粒

　（ウ）どちらも同じ

　（エ）時と場合による

【問16】

（1）空気中，丸めた半紙とビー玉を同じ高さ
　　（1～2m）から，同時に落とす。どちらが
　　早く地面に落ちるか。

　（ア）ビー玉のほうがずっと早く落ちる。

　（イ）ビー玉（見分けがつく程度）

　（ウ）丸めた紙（見分けがつく程度）

　（エ）ほとんど同じ（見分けが困難）

（2）2階の窓（5～6m）から落としたらどう
　　なるか。（ア），（イ），（ウ），（エ）

【問17】

ロケットの地球の引力圏脱出速度は11.2km/sで
ある。次の文が正しければ○印，誤りなら×印を
つけよ。

（1）石ころは11.2km/sをこえると地球の引力
　　圏を脱出できる。

（2）空気中の酸素分子は11.2km/sをこえれば，
　　地球の引力圏を脱出できる。

【問15】

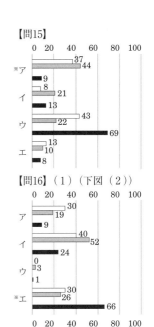

【問16】（1）（下図（2））

【問17】（1）（下図（2））

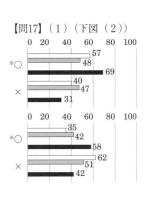

200

【問18】（1）（下図（2）（3））

**問18 (1)** bar chart (0, 20, 40, 60, 80, 100):
- ア: 10 / 7 / 2
- ※イ: 30 / 24 / 87
- ウ: 60 / 68 / 11

**問18 (2)** bar chart (0, 20, 40, 60, 80, 100):
- ア: 10 / 15 / 2
- ※イ: 13 / 21 / 70
- ウ: 75 / 63 / 28

**問18 (3)** bar chart (0, 20, 40, 60, 80, 100):
- ア: 30 / 25 / 4
- ※イ: 17 / 35 / 78
- ウ: 53 / 38 / 18

【問19】 bar chart (0, 20, 40, 60, 80, 100):
- ア: 0 / 15 / 1
- イ: 50 / 43 / 75
- ※ウ: 38 / 26 / 23
- エ: 12 / 15 / 1

【問18】

同じ高さから，異なる斜面で球を落とした。AとBの斜面を下ったときの速さはどちらが大きいか。まさつは考えない。

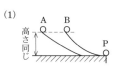

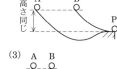

（1）（ア）A＞B
　　（イ）A＝B
　　（ウ）A＜B
（2）（ア）A＞B　　（イ）A＝B　（ウ）A＜B
（3）（ア）A＞B　　（イ）A＝B　（ウ）A＜B

【問19】

図のような振り子を，黒板を利用して作る。A点でおもりを離すと，B点まで上がる。A点でおもりを離し，B′点でおもりの糸を切った。その後，おもりはどのように飛んでいくか。

予想（ア）（イ）（ウ）（エ）

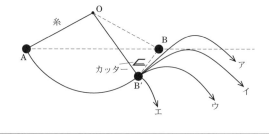

【問20】

　机の上に本をおいた。力のつりあいによれば，同じ机の上でも，軽い本と重い本とで「本が机から受ける力」は違うはずである。

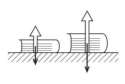

この力について，次のどれが正しいと思うか。
（ア）つりあいを説明する手段としての力である。
（イ）本当に大きくなったり，小さくなったりする力である。

【問21】　時速40 kmで走っていた自動車が急ブレーキをふんだら，10 mすべって止まったとする。それでは，2倍の速度（80 km/h）にして前と同じ強さで急ブレーキをふんだら，時速40 kmのときにくらべて，何倍すべって止まるはずか。
（ア）$\sqrt{2}$倍　（イ）2倍　（ウ）4倍　（エ）その他

【問22】

　図aのように小型扇風機で菓子箱のふたに風を当てると，車は右へ動く。図bのように車に固定した扇風機で風を送ると，車は左（風の進む向きと反対向き）に動く。

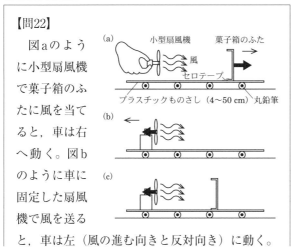

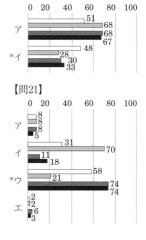

【問20】
ア　51 / 68 / 68 / 67
※イ　28 / 30 / 33 / 48

【問21】
ア　8 / 8 / 8 / 5
イ　31 / 70 / 11 / 18
※ウ　58 / 21 / 74 / 74
エ　2 / 2 / 6 / 3

202

【問22】

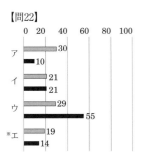

| | |
|---|---|
| ア | 30 / 10 |
| イ | 21 / 21 |
| ウ | 29 / 55 |
| ※エ | 19 / 14 |

では図cのように車に固定した扇風機で風を送り，その風を菓子箱のふたに当てると車はどちらに動くか？

予想　（ア）右向きに動く
　　　（イ）左向きに動く
　　　（ウ）動かない
　　　（エ）条件によっていずれの場合もおきる

【問23】

　図のA，Bともに等しいばねであり，おもりの質量もすべて等しい。Bのばねの伸びはAの何倍になるか。

　（ア）半分　（イ）同じ　（ウ）2倍　（エ）その他

【問23】

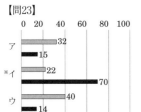

| | |
|---|---|
| ア | 32 / 15 |
| ※イ | 22 / 70 |
| ウ | 40 / 14 |
| エ | 3 / 0 |

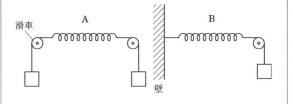

【問24】

　図のA，B，Cともに等しいばねであり，おもりの質量もすべて等しい。Bのばねの伸びはAの何倍になるか。

【問24】

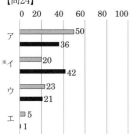

| | |
|---|---|
| ア | 50 / 36 |
| ※イ | 20 / 42 |
| ウ | 23 / 21 |
| エ | 5 / 1 |

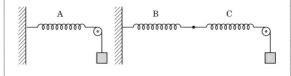

（ア）半分　（イ）同じ　（ウ）2倍　（エ）その他

# 力学法則の微積分による補足

〈運動方程式〉位置 $x$

速度 $v = \dfrac{\mathrm{d}x}{\mathrm{d}t} = \dot{x}$

加速度 $a = \dfrac{\mathrm{d}v}{\mathrm{d}t} = \dfrac{\mathrm{d}}{\mathrm{d}t}\left(\dfrac{\mathrm{d}x}{\mathrm{d}t}\right) = \dfrac{\mathrm{d}^2 x}{\mathrm{d}t^2} = \ddot{x}$

と表す

　ニュートンの運動方程式は
$$m\ddot{x} = F \tag{1}$$

## 1　落下法則
・〈重力加速度〉

落体に働く重力 $F = mg$

$x$ 下向きを正
$$m\ddot{x} = mg$$
$$\ddot{x} = g \tag{2}$$

・〈落下速度〉（初速度 $v_0$）

(2)式を積分して
$$\dot{x} = \int \ddot{x}\mathrm{d}t = \int g\,\mathrm{d}t = gt + C_1$$

$t = 0$ のとき，$\dot{x} = v_0$ とすると，$C_1 = v_0$
$$\therefore\ \dot{x} = v = v_0 + gt \tag{3}$$

・〈位置〉（原点から）

(3)式を積分すると
$$x = \int \dot{x}\mathrm{d}t = \int (v_0 + gt)\mathrm{d}t = v_0 t + \frac{1}{2}gt^2 + C_2$$

$t = 0$ のとき，$x = 0$ とすると，$C_2 = 0$
$$\therefore\ x = v_0 t + \frac{1}{2}gt^2 \tag{4}$$

・〈微分は積分の逆演算〉

　(4)式を微分すれば(3)式が得られる。
$$\dot{x} = v = v_0 + gt \tag{3}$$
　(3)式を微分すれば(2)式が得られる。
$$\ddot{x} = a = g \tag{2}$$

## 2　等速円運動
　$x$-$y$ 座標

原点から半径 $r$，角度 $\theta$，角速度 $\omega = \mathrm{d}\theta/\mathrm{d}t$

・〈位置〉 $x = r\cos \omega t,$
$$y = r\sin \omega t \tag{5}$$

・〈速度〉 $v_x = \dot{x} = -r\omega\sin \omega t$
$$v_y = \dot{y} = r\omega\cos \omega t$$
$$v = \sqrt{v_x^2 + v_y^2} = r\omega \tag{6}$$

・〈加速度〉 $a_x = \ddot{x} = -r\omega^2\cos \omega t$
$$a_y = \ddot{y} = -r\omega^2\sin \omega t$$
$$a = \sqrt{a_x^2 + a_y^2} = r\omega^2 = v^2/r \tag{7}$$

・〈質量 $m$ の物体に働く向心力〉
$$F = mr\omega^2 = m\frac{v^2}{r} \tag{8}$$

## 3　単振動
円運動の $x$ 成分の運動，振幅 $A$，角振動数 $\omega$
$$x = A\sin \omega t$$
$$v = \dot{x} = A\omega\cos \omega t$$
$$a = \ddot{x} = -A\omega^2\sin \omega t$$
$$\ddot{x} = -\omega^2 x \text{〈単振動の加速度〉} \tag{9}$$

・〈質量 $m$ の物体：定数 $k$ のばねの単振動〉
$$m\ddot{x} = -m\omega^2 x = -kx \tag{10}$$
$$\therefore m\omega^2 = k \to \omega = \sqrt{k/m} \tag{11}$$

　・〈周期〉 $T = \dfrac{2\pi}{\omega} = 2\pi\sqrt{\dfrac{m}{k}}$ (12)

## 4　力積と運動量
$$m\ddot{x} = F \tag{1}$$
(1)式を $t$ で積分
$$m\dot{x} = Ft + C_3$$
$t = 0$ のとき $\dot{x} = v_0$ とすると，$C_3 = mv_0$
$$mv - mv_0 = Ft \tag{13}$$

「加えた力積は運動量変化に等しい」

## ・〈質量 $m$ と質量 $M$ の衝突〉

$$M\ddot{x} = -F \qquad (14)$$

(1) (14)（作用反作用の法則）より

$$m\ddot{x} + M\ddot{x} = 0 \qquad (15)$$

(15)式を $t$ で積分する。

$$m\dot{x} + M\dot{X} = C_4$$

## ・〈運動量保存の法則〉

$t = 0$ のとき $\dot{x} = v_0, \dot{X} = V_0$ とすると

$$mv + MV = mv_0 + MV_0 \qquad (16)$$

## 5 仕事とエネルギー

$$m\ddot{x} = F \qquad (1)$$

(1)式に $\dot{x}$ をかけて，$t$ で積分する。

$$m\ddot{x}\dot{x} = F\dot{x}$$

$$\frac{1}{2}m\dot{x}^2 = Fx + C_5$$

$x = 0$ のとき，$\dot{x} = v_0$ とすると

$$\frac{1}{2}mv^2 - \frac{1}{2}mv_0^2 = Fx = W \qquad (17)$$

「した仕事分だけ運動 $E$ が変化する」

## ・〈重力がする仕事（保存力）〉

$x$ 上向きを正

$$m\ddot{x} = -mg \qquad (18)$$

(18)式に $\dot{x}$ をかけて，移項し，$t$ で積分する。

$$m\ddot{x}\dot{x} + mg\dot{x} = 0$$

$$\frac{1}{2}m\dot{x}^2 + mgx = C_6$$

$t = 0$ のとき $\dot{x} = v_0, x = h_0$ とすると，

## ・〈力学的 $E$ 保存の法則〉

$$\frac{1}{2}mv^2 + mgh = \frac{1}{2}mv_0^2 + mgh_0 \qquad (19)$$

## ・〈ばねを $x$ 引き伸ばすのに必要な仕事〉

$$W = \int_0^x F\mathrm{d}s = \int_0^x kx\mathrm{d}x = \frac{1}{2}kx^2 \quad (20)$$

## ・〈ばねに吊るした質量 $m$ の力学的 $E$〉

$$m\ddot{x} = -kx \qquad (21)$$

(21)式を移項して，$\dot{x}$ をかけて，$t$ で積分する。

$$\frac{1}{2}m\dot{x}^2 + \frac{1}{2}kx^2 = C_7$$

$t = 0$ のとき $\dot{x} = v_0, x = x_0$ とすると，

$$\frac{1}{2}mv^2 + \frac{1}{2}kx^2 = \frac{1}{2}mv_0^2 + \frac{1}{2}kx_0^2 \quad (22)$$

## ・〈万有引力と位置 $E$〉

$M$：地球質量，$G$：万有引力定数，

$$m\ddot{x} = -G\frac{mM}{x^2} \qquad (23)$$

(23)式を移項して，$\dot{x}$ をかけ，$t$ で積分する。

$$m\ddot{x}\dot{x} + G\frac{mM}{x^2}\dot{x} = 0$$

$$\frac{1}{2}m\dot{x}^2 - G\frac{mM}{x} = C_8 \qquad (24)$$

# 練習問題の解答

〔練習問題7－2〕(p.164)

(A) ①の力は（物体）が（地球）からうける力
②の力は（机）が（物体）からうける力
③の力は（物体）が（机）からうける力

(B) つりあいの関係にある力は①と③の力

(C) 作用反作用の関係にある力は②と③の力

(D) ①の反作用の力は（地球）が（物体）からうける力である。

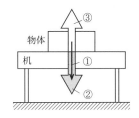

〔練習問題7－3〕(p.165)

次の物体$S_x$に働く力をすべてかけ。そして，それらの力の大きさを求めよ。ただし，物体の質量はすべて$m$とする。

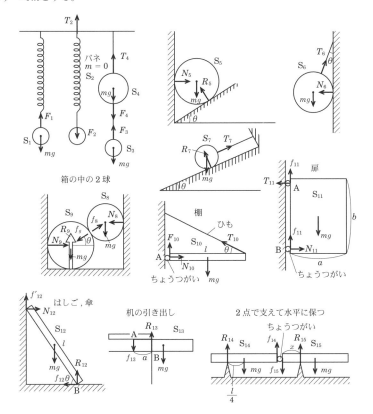

$S_1$: $F_1 = mg$

$S_2$: $T_2 = F_2 = mg$

$S_3$: $F_3 = F_4 = mg$

$S_4$: $T_4 = F_4 + mg = 2mg$

$S_5$: $N_5 = R_5\sin\theta$

$R_5\cos\theta = mg$

∴ $R_5 = mg/\cos\theta$

$N_5 = mg\tan\theta$

$S_6$: $T_6\sin\theta = N_6$

$T_6\cos\theta = mg$

∴ $T_6 = mg/\cos\theta$

$N_6 = mg\tan\theta$

$S_7$: $T_7 = mg\sin\theta$

$R_7 = mg\cos\theta$

$S_8$: $f_8\cos\theta = N_8$

$f_8\sin\theta = mg$

∴ $f_8 = mg/\sin\theta$

$N_8 = mg/\tan\theta$

$S_9$: $N_9 = f_9\cos\theta = f_8\cos\theta = N_8$

$R_9 = f_9\sin\theta + mg$

∴ $N_9 = mg/\tan\theta$

$R_9 = f_8\sin\theta + mg = 2mg$

$S_{10}$: $N_{10} = T_{10}\cos\theta$  ①

$T_{10}\sin\theta + F_{10} = mg$  ②

↻A $mg(l/2) = T_{10}(l\sin\theta)$  ③

↻A: Aのまわりの力のモーメント

③→ $T_{10} = mg/2\sin\theta$

①→ $N_{10} = mg/2\tan\theta$

②→ $F_{10} = (1/2)mg$

$S_{11}$: 扉（横$a$縦$b$）蝶つがい上A,下B

$N_{11} = T_{11}$  ①

$2f_{11} = mg$  ②

↻B $mg(a/2) = T_{11}b$  ③

↻B: Bのまわりの力のモーメント

②→$f_{11} = mg/2$

③→$T_{11} = mga/2b = N_{11}$

$S_{12}$: $f'_{12} = 0$ とする

$N_{12} = f_{12}$  ①

$R_{12} = mg$  ②

↻B $N_{12}l\sin\theta = mg(l/2)\cos\theta$  ③

③→$N_{12} = mg\cos\theta/2\sin\theta$

$= mg/2\tan\theta = f_{12}$

$S_{13}$: $R_{13} = f_{13} + mg$  ①

↻A $mg(l/2) = aR_{13}$  ②

②→$R_{13} = mgl/2a$

①→$f_{13} = R_{13} - mg = (l/2a - 1)mg$

$S_{14}, S_{15}$: 蝶つがいで結んだ等しい長さ$l$の棒。端から$l/4$の点Pで支えるとき、水平に保つために支える点Qの位置$x$を求めよ。

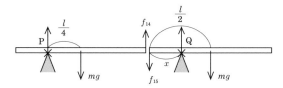

↻P $mg(1/4)l = f_{14}\cdot(3/4)l$  ①

↻Q $mg(l/2 - x) = f_{15}x$  ②

$f_{14} = f_{15}$  ③

①→$f_{14} = mg/3 = f_{15}$

②→$l/2 - x = x/3$

∴ $x = (3/8)l$

# あとがき

## 半世紀前にさかのぼって

　1971年，「力と運動を結ぶもの——物の慣性」（1〜5）[1]（『理科教室』誌への5回連載）を執筆し，これが私の最初の問題提起であった。この頃愛知県の高校理科教師で始まった投げ込み教材運動と並行して，物理教材を根本から捉え直そうと飯田洋治，三井伸雄，川勝博が中心となって突っ込んだ議論を積み重ねた。'79年，私たち3人は板倉聖宣氏と相談して，科学教育研究協議会（科教協）の全国の有志に呼びかけ，名古屋で「力学集中討議」を開いた（その後「電磁気」，「熱」，「波動」を継続）。やがてこの成果をまとめて出版することを勧められた。

　前著『学ぶ側からみた力学の再構成』は，共著者3人で何度も討議を重ねた。共通点も多いが，進め方などお互いに意見の違うところもあり，それを無理に統一することはせず，長年の研究交流を踏まえた独立個人論文としての出版（'92）で，私の原稿が完成してから7年越しだった。この間に私はテキスト『力学の見方考え方』[2]を作って授業に活用した。

## 物理教育国際会議で[3]〜[8]

　1986年東京で物理教育国際会議が開かれた。愛知物理サークルからは三井，飯田，川勝が力学概念形成の発表を行うとともに，岐阜物理サークルから小川順二，長野勝，石川幸一の参加も得て，私たちの数々の投げ込み実験は好評だった[3]。

　私の発表は前著『学ぶ側から…』の原稿の要約 "New Science Education: The Concepts of Inertia and Force- To avoid the Aristotelian Misconceptions"[4] だった。英語ができる友人の助けを借りて苦労して英文を作成した。

　私の報告に対して，米国高校教師Yvette A. Van Hiseから，授業に活かしたいという手紙を受け取ったのが日常的な国際交流の始まりだった。往復書簡が契機となって，出版したての『いきいき物理わくわく実験』（'88，旧版，新生出版

刊）を送ると，AAPT（米国物理教育学会）の集会に招待したいという話に発展した。英語に自信がないというと"物理という共通の言語があるではないか"と誘われる。サークルにこの提案をもちかけると一気に話が進み，'89AAPT集会（Cal Poly, CA）には12名が招待された。私たち"Stray Cats"としてのデモ実験の発表[5]は好評で，その後は，度々米国，ハンガリー，中国，さらには，韓国，スウェーデン，チェコ，インド，フィリピンなどの国際会議を通して国際交流へと発展した[6]。私にとって，書かれた英語は時間と辞書さえあれば何とか理解できる。しかし，まともに話せないし聞き取れない。にもかかわらず，お互いの投げ込み教材を前にすると，不思議なことに互いに通じあってしまうのだ。物を通してのグループでの交流は言葉の障害を見事に乗り越えた。

　第2回日中米物理教育会議（'91裾野市）では，概念形成のワークショップに私も加わった。時間内では飽き足らず滝川洋二氏，岩崎敬道氏とともに小沼通二氏を通して夜，特別セッションを設けてもらい，私は"HOW TO FORM A SCIENTIFIC CONCEPT"[7]を発表した。翌'92，ハンガリーで開かれた日本ハンガリー物理教師会議には私たちStray Catsの多数が参加して，デモ実験を行った。その際，私の前年の資料は渡しただけでそのまま会議集に掲載された。第3回日中米物理教育会議（'93中国，肇慶市）にも，"The Concept Formation of Force——From Statics to Dynamics"[8]を作り，概念形成のワークショップに参加した。

　L. C. McDermott等は，'80年代中頃から米国の大学生に根強い経験的自然観が存在することを調べ，これを克服するために日本にはない大規模な改革運動を始めていた。これは世界中がかかえる共通の問題であった。そして日本において，概念形成をめぐる改革運動がまきおこることを期待せずにはいられなかった。

　米国では'90年代になると大学を中心として，E. Mazur, D. R. Sokoloff, E. F. Redish等の物理教育改革の取り組みがかなり大きな広がりを見せていた。こうした取り組みは，その後かなりの時をへて日本へ影響をおよぼすようになった。

### 「なぜ力学を学ぶのか」の新たな出版に際して

　'70年代初めの問題提起から半世紀。'83年に力学的自然観を調査してから40年。日本の物理教育の状況はどう変わったであろうか。すでに述べてきた通り，中・

高・大学生の実状はほとんど何も変わっていない。

2010年代となると，米国での改革運動の影響もあってか，日本では文部科学省からアクティブラーニングが提唱されるようになり，徐々にではあるが，大学初年次や小中高校の物理教育では大切な課題として取り上げられるようになってきた。しかし，まだ広く改革が進んでいるようには思えない。

今まさに，日本において，概念形成をともなう物理教育の改革運動が必要とされている。そのために本書が少しでも役立つことを願っている。

## 最後に

振り返れば，私は若い頃から武谷三男，坂田昌一氏の哲学，科学方法論に大きな影響を受けた。板倉聖宣氏からの影響も大きい。さらに三井伸雄氏，川勝博氏との議論がなければ本書は出来上がらなかった。本書出版に際して，橋本美彦，加藤賢一，山本久守，田中英二，林正幸の先生方には原稿を詳細に読んでいただき貴重なご意見をいただいた。本書の出版を快く引き受けていただいた日本評論社の佐藤大器さんには，編集から出版まで大変お世話になり，心から感謝申し上げたい。また妻明子には執筆に際してあらゆる点で支えられた。そして名前は上げないが出版を励ましていただいた方々を含めて，ここに心から感謝したい。

注
1）飯田洋治「力と運動をむすぶもの──物の慣性（1）」〜「同（5）」『理科教室』，国土社（1971.8-12）
2）飯田洋治「力学の見方考え方──高校生のための力学入門」授業用テキスト，名古屋市立工芸高校，1986.3
3）〜8）国際交流の概要　「いきわくアーカイブ」「サークル通信4」
参加した国際会議一覧：「archivesのページ」「国際交流の目次」
https://www2.hamajima.co.jp/~ikiwaku-archives/6peji.html
各会議でStray Catsとして発表した内容（英文）：archives「国際交流のページ」
https://www2.hamajima.co.jp/~ikiwaku-archives/8peji.html
（飯田執筆分は1986Tokyo, 1991日中米, 1993日中米で閲覧可能）
「国際交流」報告（和文）：http://yoiidea.my.coocan.jp/international/international.htm

# 索 引

214

# 飯田洋治 （いいだ・ようじ）

1942年, 愛知県生まれ.
1965年, 名古屋大学理学部物理学科卒業.
名古屋市立高校理科教諭を経て, 立命館大学教授. その後, 名古屋立大学非常勤講師などを歴任. 各地で物理サークルが作られるきっかけとなった愛知物理サークルの創設メンバーの一人.
物理は「面白くない, わからない, くだらない」という生徒に直面し, どうしたらいいか仲間とともに悪戦苦闘. 投げ込み教材開発運動に発展し, その成果が『いきいき物理わくわく実験1, 2, 3』となって実現. この中心的編著者として活躍. 水ロケット, 人の乗れるホバークラフトの最初の開発者の一人. 近隣をはじめ, 各地の小中学校理科教師の現職教育の実験講師などを長年にわたって務め, 小・中・高校生に対する実験講演も各地で行ってきた. たびたび米国, ハンガリー, 中国, そして韓国, スウェーデン, チェコ, インドなどの国際会議で "Stray Cats" グループとしてデモ実験の発表を行い, 国際交流を行ってきた.
主な著書 (いずれも分担執筆) に, 『いきいき物理わくわく実験1 (改訂版)』『いきいき物理わくわく実験2 (改訂版)』『いきいき物理わくわく実験3』日本評論社, 『学ぶ側から見た力学の再構成』新生出版, 『理科おもしろ実験ものづくり完全マニュアル』東京書籍, 『おもしろ実験・ものづくり事典』東京書籍, 『AERA Mook 物理がわかる』朝日新聞社, 他がある.

# なぜ力学を学ぶのか
## 常識的自然観をくつがえす教え方

2022年 7月15日　第1版第1 刷発行
2023年 4月25日　第1版第2 刷発行

| 著　者 | 飯田洋治 |
|---|---|
| 発行所 | 株式会社 日本評論社 |
| | 〒170-8474 東京都豊島区南大塚 3-12-4 |
| 電　話 | (03) 3987-8621 [販売] |
| | (03) 3987-8599 [編集] |
| 印　刷 | 精文堂印刷 |
| 製　本 | 井上製本所 |
| カバー＋本文デザイン | 蔦見初枝 |

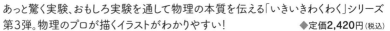